DESCRIPTION

DE LA CARTE DES COUCHES DU DISTRICT HOUILLER DE SARREBRUCK (1),

Traduction de l'allemand par M. WOHLWERTH, ingénieur-directeur de la compagnie des mines de Stiring.

Etendue, gisement et superposition du bassin houiller de Sarrebrück.

Les formations géologiques qui se présentent dans le cadre de de la carte, Pl. I, sont les suivantes :

I. Comme terrain le plus ancien et le plus inférieur, une petite partie du dévonien inférieur près de Duppenweiler et dans le profil A B, Pl. II, au pied du Hochwald.

II. Le terrain houiller productif.

III. Le nouveau grès rouge ou la formation permienne, comprenant :

1° La partie inférieure du nouveau grès rouge dans laquelle on rencontre de minces sillons de houille : jadis on considérait

(1) *Erlaüterung zur Flotzkarte des Saarbrücker Steinkohlen-Districtes*, par les soins du Bergamt de Sarrebruck.

cette formation comme faisant partie de l'étage supérieur du terrain houiller (terrain houiller pauvre en couches); mais aujourd'hui il est reconnu, par les empreintes végétales et les pétrifications animales qui s'y rencontrent, que ce n'est pas dans la formation carbonifère qu'il faut la ranger, mais bien dans le nouveau grès rouge;

2° L'étage supérieur du nouveau grès rouge.

Le Zechstein, qui fait aussi partie de la formation permienne, ne se rencontre nulle part dans ce bassin, et il n'en sera pas question ici.

IV. La formation complète du Trias, à savoir :

1° Le grès bigarré (1);

2° Les marnes irisées;

3° Le Muschelkalck, dans les parties Sud et Ouest de la carte.

V. Le Diluvium, sur les deux versants de la vallée de la Safre.

VI. Des roches plutoniques, à savoir :

1° Du porphyre feldspathique près de Duppenweiler;

2° Du mélaphyre dans la direction depuis Nauweilerhof, près de Duttweiler, vers Elversberg.

Le but de la présente description n'est pas d'entrer dans beaucoup de détails sur les terrains de toutes ces formations; il ne sera fait mention qu'occasionnellement de ceux qui ont des rapports plus intimes avec la formation houillère dont il va être question.

Etendue du terrain houiller.

La superficie du terrain houiller du bassin de Sarrebruck s'étend en général en forme d'œuf allongé du Sud-Ouest au Nord-Est; elle est limitée, en effet, par une courbe plate

(1) Les Allemands le confondent avec le grès des Vosges, jusqu'à présent.

vers le Sud-Ouest, et se termine presqu'en pointe vers le Nord-Est.

Du côté du Nord, la partie inférieure du grès rouge lui est superposée par assises en stratification concordante. On ne saurait même déterminer avec une exactitude parfaite la délimitation réelle de ces deux terrains, parce qu'ils ne diffèrent pas sensiblement entre eux.

Cette limite Nord s'étend depuis Wiebelskirchen, au Sud d'Ottweiler, dans la direction vers Sprengen, en passant par Schiffweiler, Sonnweiler, Numborn et jusqu'à Heusweiler. Ici, le terrain houiller commence à être recouvert par le grès des Vosges (grès bigarré suivant les Allemands), dont les assises presque horizontales s'étendent au loin pardessus le terrain houiller qui s'enfonce de plus en plus. Près de Schwalbach et de Knausholtz, le terrain houiller forme de nouveaux affleurements sous forme d'îlots isolés. La limite du grès des Vosges court vers Hostenbach et Geislautern; là, elle tourne vers le Nord-Est en passant à Sarrebruck, Duttweiler, Elversberg, Neunkirchen, jusqu'à Wellesweiler, et forme le contour Sud ou recouvrement du terrain houiller. Vers l'Est, la largeur du terrain houiller diminue de plus en plus, et il disparaît enfin de la surface près de d'Oberbexbach en Bavière, en plongeant d'une part sous la partie inférieure du nouveau grès rouge, et, d'autre part, sous le grès des Vosges.

Comme le terrain houiller est recouvert sur tout son périmètre par deux formations plus récentes, on n'a encore pu en reconnaître nulle part les assises inférieures, et la série des terrains trouvés ailleurs entre lui et le dévonien, tels que le millstone grit, le culm et le calcaire carbonifère, ou bien manquent entièrement, ou bien restent cachés à des profondeurs inaccessibles.

Le terrain houiller se montre par suite sous une figure superficielle irrégulière qui affecte celle d'un œuf, et dont la plus grande largeur est à l'Ouest et la moindre à l'Est. La plus grande longueur est de 37 kilomètres 50, sa plus grande largeur est de 14 kilomètres. La superficie est d'environ 226 kilomètres carrés.

Recouvrement du terrain houiller.

1° Dans les limites décrites plus haut, le terrain houiller s'élève, sur la ligne de partage des eaux de la Sarre, de la Blies et de la Prims, au Bildstock, à la Erkershohe et au Wackenhübel jusqu'à la hauteur de 377 mètres au-dessus du niveau de la mer. Mais encore, à cette élévation, il se trouve des presqu'îles ou même des îlots de grès des Vosges qui le recouvrent. Depuis ces sommets, la partie Ouest du terrain houiller descend petit à petit vers la vallée de la Sarre, divisée en ondulations allongées par les vallées de Sultzbach, Fischbach, Burbach et Kœllerthal. Dans la vallée de la Sarre, depuis Malstatt jusqu'à Hostenbach, le terrain houiller est à jour vers la base des versants, tandis que la partie supérieure de ces versants est recouverte de grès des Vosges, et cela sur les deux rives de la Sarre ; ce recouvrement ne disparaît que lorsque le terrain houiller s'élève davantage, mais il se montre encore parfois en différentes parties isolées entre les vallées de la Fischbach et de la Kœller. Il paraît hors de doute aujourd'hui que la partie du terrain houiller qui se trouve au Sud de la ligne partant du Bildstock et allant à Rittenhofen, en passant par le Wackenhubel et le Riegelsberg, était jadis entièrement recouverte par le grès des Vosges, et qu'elle n'a reparu au jour que par l'érosion des eaux qui ont lavé et enlevé la surface et découpé les vallées.

Du côté de l'Ouest et du Sud, le terrain houiller plonge de plus en plus sous le grès des Vosges. Ce grès se superpose immédiatement à la partie supérieure du terrain houiller, ainsi que le montrent les mines situées en France près de Gros-Rosselle et de Carling, de même que plusieurs sondages pratiqués près de ces mines et les sondages exécutés au sud du bassin houiller près de St-Ingbert et de Niederbexbach. Tous ces sondages ont rencontré le terrain houiller après avoir traversé une épaisseur de grès des Vosges variant depuis 63 mètres jusqu'à 188 mètres. A proximité de la limite Sud du bassin, quoique ne concordant pas exactement avec elle, se trouve une faille considérable découverte par la galerie à travers bancs de la houillère bavaroise de Saint-Ingbert. Le mur de ce rejet est formé de terrain houiller, le toit de grès des Vosges. Les assises de ce grès inclinent plus fortement vers le Sud-Est, dans le voisinage de la faille, et ne reprennent leur faible inclinaison qu'à une certaine distance de cette faille. Près de cette limite d'affleurement, on rencontre aussi, dans les assises du terrain houiller, du Mélaphyre, au Nauweilerhof. Près d'Elversberg, cette roche apparaît sur de plus grandes longueurs, et on la rencontre du reste dans la partie inférieure du nouveau grès rouge et sur la limite des deux parties de ce grès, où elle est fréquente en beaucoup d'endroits.

La surface du terrain houiller était peu égale dès avant la formation du grès des Vosges. Lorsque ce grès s'est déposé, il a rempli d'abord les vallées du terrain houiller. On trouve de pareilles dénivellations à la surface du terrain houiller au Bildstock où le grès des Vosges se termine en forme de presqu'île, limitée à l'Est par la faille Cerberus, ainsi qu'entre Duttweiler et Jaegersfreude et encore à l'ilot de Quierschied. On n'a pas remarqué jusqu'à présent, dans les couches de houille recouvertes immédiatement par le grès des Vosges en stratification discordant, de changements autres que ceux qui se remarquent toujours près des affleurements, à savoir : le peu de dureté et le peu de pouvoir calorifique de cette houille. Ce changement est dû en partie à la grande perméabilité du grès des Vosges qui laisse passer les eaux de l'atmosphère. Le grès des Vosges est traversé par des fissures nombreuses qui laissent pénétrer jusqu'à de grandes profondeurs les eaux de la surface, et cela d'autant plus facilement que le ciment, soit argileux, soit siliceux, qui lui sert de moyen de cohésion, est en général peu solide, de sorte que toute la masse est pénétrée par l'eau. Comme le terrain houiller est infiniment plus imperméable, les eaux s'amassent à sa naissance sous le grès des Vosges et donnent lieu à des écoulements dès que le niveau de la surface du sol en général le permet. Ces eaux, par suite de la grande épaisseur du terrain perméable, s'écoulent avec une grande vitesse et produisent à la surface du terrain houiller et à celles des affleurements des effets presqu'aussi considérables que si les couches n'étaient pas recouvertes. Il résulte, par suite de la perméabilité même du grès des Vosges, que ce grès est sec aussi loin que l'eau peut s'écouler naturellement par les vallées et par les gorges qui l'avoisinent, mais qu'il se trouve des affluences d'eau considérables au dessous de ce niveau. Ces affluences opposent de grandes difficultés au creusement des puits, comme l'ont prouvé les travaux de foncement de Stiring, les travaux des houillères près de Gros-Rosselle et ceux de Carling en France. Mais cette perméabilité est cause aussi qu'à la séparation des deux terrains carbonifère et grès des Vosges, il surgit de nombreuses et abondantes sources qui fournissent une excellente eau potable, sources d'autant plus précieuses que les eaux provenant du terrain houiller en général sont mauvaises et malsaines, parce qu'elles renferment du sulfate de protoxyde de fer provenant des pyrites qu'elles décomposent. Les eaux du terrain houiller ne sont potables que lorsqu'elles proviennent de puissants bancs de grès ou de conglomérats.

2° La partie inférieure du nouveau grès rouge recouvre, ainsi qu'il a déjà été dit, le versant Nord du terrain houiller, d'assises, en stratification concordante. Vers le couchant, entre Schwartzenholz, Lebach et Bettingen, elle est à son tour recouverte par le grès des Vosges en stratification *discordante*, comme ce grès le fait aussi pour le terrain houiller.

D'après ce qui précède, il est peu vraisemblable que cette formation doive se rencontrer entre le terrain houiller et le grès des Vosges vers les affleurements à l'Ouest et au Sud du premier de ces terrains, puisqu'elle ne pourrait se présenter là qu'en stratification discordante. Aussi n'a-t-on pas encore pu prouver son existence réelle ni aux affleurements, ni à de plus grandes profondeurs.

On connaît très-peu aussi, à cette limite, la partie supérieure du nouveau grès rouge.

Comme les assises de la partie inférieure du nouveau grès rouge sont superposées régulièrement et en stratification concordante à celles du terrain houiller productif, on peut préjuger avec probabilité, par la direction et l'inclinaison de ces assises, de quelle manière se comporteront vraisemblablement celles du terrain houiller et par suite les couches de houille qui pourraient se rencontrer à de plus grandes profondeurs. Les terrains de la partie inférieure du nouveau grès rouge forment à l'Ouest un fond de bateau séparant le terrain houiller, situé au Sud, de la partie supérieure du terrain dévonien qui apparaît au Nord vers le Hochwald. On y rencontre beaucoup de mélaphyre, et le fond de bateau est rempli à son tour par des terrains de la partie supérieure du nouveau grès rouge. L'aile Nord de ce fond de bateau qui recouvre en partie le terrain dévonien forme une lisière d'affleurements très-étroite, parce qu'il n'y a qu'une bien petite portion des assises de la partie inférieure du nouveau grès rouge qui apparaisse au jour, tandis que le surplus, en bien plus grande quantité, reste caché en profondeur. Cette particularité se représente continuellement en allant vers l'Est jusqu'à la ligne transversale de Wellesweiler, c'est-à-dire sur toute la longueur du terrain houiller, qui un peu plus loin se termine et disparaît de la surface en plongeant sous le nouveau grès rouge et sous le grès des Vosges.

La partie inférieure du nouveau grès rouge se continue à l'Est jusqu'à Creutznach et jusqu'au Donnersberg. Ses assises forment une série de monticules en forme de selle. L'extrême aile Sud en est recouverte par la partie supérieure du grès rouge et ensuite par le grès des Vosges. Le parallélisme des assises est fortement dérangé et accidenté par les soulèvements porphyriques, notamment par ceux du Kœnigsberg et du Donnersberg.

Il n'est pas à présumer que le terrain houiller soit fortement dérangé sous l'aile Sud du fond de bateau que forme la partie inférieure du nouveau grès rouge, à cause de la stratification concordante des assises des deux terrains, ce qui fait que, dans la profondeur comme aux affleurements, les mêmes couches de terrains sont en contact. Jusqu'aujourd'hui cependant, on n'a pas de données certaines sur le prolongement du terrain houiller en dessous du fond de bateau, et cette question d'un intérêt bien majeur est d'autant plus difficile à résoudre, que la puissance de la partie inférieure du nouveau grès rouge est telle que la recherche du terrain houiller au-dessous du fond de bateau se trouve reculée dans un avenir lointain.

Cette partie inférieure du nouveau grès rouge se compose en général de grès jaunâtres, traversés par des nerfs de schistes houillers; elle renferme trois à quatre minces couches de houille à Lebach, Reisweiler, Hirtel, Mainzweiler, etc.; ces couches sont encore exploitées partiellement aujourd'hui. Ensuite des schistes bigarrés et une mince couche de houille au Nord de Saint-Wendel et plusieurs couches de calcaire, puis ce sont des conglomérats, des grès et du Hornstein, alternant avec des argiles rouges ou foncées passant à des schistes rouges; des grès à grain fin, des argiles et des marnes schisteuses, des débris de porphyre et des conglomérats de porphyre. Près de Lebach, on trouve dans cette partie et en forme de fond de bateau, avec une aile Nord et Sud, des couches argileuses et schisteuses renfermant, sur une épaisseur de 19 à 21 mètres, de minces filons et des rognons de minerai de fer argileux. Ce gisement de minerai, dit de Lebach, est figuré sur le profil A B., Pl. II.

Les quelques rares couches de houille du nouveau grès rouge ont une épaisseur de $0^{m}130$ à $0^{m}444$; elles deviennent pierreuses, surtout en allant un peu plus vers le Nord.

La houille de ces couches est maigre, sèche, à longue flamme, pareille à celle des couches supérieures du terrain houiller qui leur succèdent géologiquement ; elle se distingue de ces dernières parce qu'elle ne renferme que fort peu de Dolomite ;

3° Dans la vallée de la Sarre, enfin, le terrain houiller est recouvert en beaucoup d'endroits par des alluvions modernes, ou par du diluvium et des alluvions anciennes. Ces formations, d'après ce qui ressort des explications données plus haut, se montrent en beaucoup d'endroits à la limite de séparation du terrain houiller et du grès des Vosges, et se distinguent difficilement de ce dernier près de ses affleurements lavés et décomposés. Ces dépôts sont formés de marnes, de lœss, d'argile et de sable renfermant des cailloux roulés de quartz blanc, de quartzite et de grès de la formation dévonienne ainsi que de la Lydienne (quartz noir).

Ces cailloux proviennent en majeure partie de la destruction de conglomérats provenant du grès des Vosges, du nouveau grès rouge et du terrain carbonifère.

Gisement du terrain houiller.

Le terrain houiller productif se présente immédiatement, et en stratification concordante, sous l'aile Sud de la partie inférieure du nouveau grès rouge. Jusqu'à présent, on n'en connaît encore que la partie correspondant à l'aile Sud du bassin houiller, et on n'a pas encore pu reconnaître jusqu'à quelle profondeur le terrain houiller productif se prolonge sous le nouveau grès rouge, ni s'il a une aile Nord correspondant à cette aile Sud du bassin.

Comme vers le Sud, ou en allant en profondeur dans la ligne de Duttweiler à Neunkirchen, l'aile Sud du bassin est recouverte généralement par du grès des Vosges en stratification discordante, sans que l'on connaisse les terrains inférieurs à la formation houillère, tels que le millstone grit, le culm ou toute autre formation, il est incertain jusqu'aujourd'hui si les reconnaissances actuelles ont atteint les couches de houille les plus profondes du bassin ou s'il en existe encore de plus profondes sous les dernières connues. Par la même raison, on ne connaît pas encore la puissance du terrain houiller en général, puisqu'il manque encore la limite inférieure.

Le groupe des couches inférieures reconnues dans l'aile Sud du bassin, depuis Duttweiler jusqu'à Neunkirchen, est stratifié très-régulièrement. Ce groupe s'étend en direction et en droite ligne du Sud-Ouest au Nord-Est, et plonge de 30 à 45 degrés vers le Nord-Ouest en partant des affleurements. Quand on s'avance au-delà de ces deux points et dans les deux directions, le terrain houiller forme une série de plis arrondis en selles et en fonds de bateau qui, aussi loin que le recouvrement du grès des Vosges s'étend sur le groupe des couches, ne se font remarquer jusqu'à présent que dans le groupe des couches supérieures, mais qui certainement affectent aussi le groupe des couches inférieures.

Ce n'est pas seulement à ces deux extrémités que nous rencontrons des fonds de bateau et des selles, on les trouve encore entre ces points en allant vers le pendage, et on les reconnait même aux affleurements du groupe des couches supérieures.

Les selles qui se dirigent à l'Est sont figurées par la courbure des couches du groupe supérieur, à la houillère de Duttweiler, à l'Est de celle de Frédérichsthal, à celles de Reden et de Merchweiler, enfin, à celles de Quierscheid et de Ziehwald : les selles qui se dirigent à l'Ouest sont figurées en partie par la courbure des couches des houillères de Jaegersfreude et de Rushütte et en partie par celles des houillères de von der Heyd, Gerhard, Clarenthal.

Dans la partie orientale du terrain houiller, près de Wellesweiler, les couches inférieures de l'aile Sud du bassin suivent les mêmes selles que celles du groupe supérieur qui, elles-mêmes, semblent correspondre aux selles du nouveau grès rouge.

La puissance du terrain houiller reconnu à l'Ouest est d'environ 3,350 mètres, tandis qu'à l'Est elle n'est que de moitié, soit 1,675 mètres environ.

Dans cette dernière partie, les épaisseurs des terrains intermédiaires sont beaucoup plus faibles qu'à l'Ouest, ce qui diminue déjà la distance entre les diverses couches de houille ; de plus, le nombre des couches est plus considérable qu'à l'Ouest, ce qui les rapproche encore davantage l'une de l'autre. Vers l'Est, les couches ne forment que deux groupes, inférieur et supérieur, séparés entre eux par une partie intermédiaire de terrains à peu près steriles. Le groupe inférieur se dirige assez régulièrement vers l'Ouest avec un pendage au Nord, variant de 30 à 45° : il disparaît près de Duttweiler sous le grès des Vosges en formant une selle dont l'aile se dirige vers le mur. Le groupe supérieur, au contraire, en allant vers l'Ouest, augmente en largeur par suite de plis ondulés se dirigeant vers le toit du terrain houiller ; en outre, il se sépare petit à petit en trois étages distincts plongeant de 10 à 15 degrés vers le Nord, à savoir :

Deux étages de couches moyennes, d'abord celui des couches de Frédérichsthal et de Jaegersfreude, ensuite celui des couches de Quierscheid, von der Hoydt et Gerhard ;

Et un étage de couches supérieures ou du toit, celui des couches de Merchweiler, de Guichenbach et de Geislautern.

Les deux derniers s'étendent à l'Ouest jusqu'au grès des Vosges, sous lequel ils plongent par une grande courbe en forme de selle inclinée vers l'Ouest. Cet accident ne se continue cependant pas toujours, et il doit s'en produire d'autres sous le grès des Vosges, dans le voisinage de la frontière entre la France et la Prusse, car la nature et la direction des couches reconnues et exploitées près de Gros-Rosselle, en France, ne correspondent pas avec le prolongement de la courbure de cette selle. Le premier étage des couches moyennes disparaît déjà plutôt sous le grès des Vosges à Jaegersfreude, tout près du groupe inférieur.

En résumé, les couches de houille de ce bassin se trouvent donc réunies en deux groupes bien distincts, dont la nature et la composition chimique diffèrent essentiellement. Le groupe inférieur, depuis Duttweiler jusqu'à Wellesweiler, renferme des charbons gras et collants (Karsten), dont le menu même forme un excellent coke. Ensuite, le groupe supérieur dont les trois étages cités plus haut contiennent des charbons à longue flamme qui deviennent de plus en plus maigres et secs (Kartsten) au fur et à mesure qu'on se rapproche du toit de la formation. Les couches du groupe inférieur ne fournissent pas toutes un charbon, possédant à un égal degré la propriété de se coller et de s'agglutiner : il en existe même quelques-unes qui donnent parfois une houille s'approchant tellement de la houille maigre, que leur menu ne peut pas être converti en coke. Cette propriété des couches inférieures se remarque du reste bien plus dans les champs d'exploitation de l'Ouest que dans ceux de l'Est. Il n'existe d'exception partielle à cette règle que pour les couches exploitées partiellement et à titre d'essai près de Malstatt, et, pour celles de la houillère française, aux environs de Gros-Rosselle. La houille de ces deux points est assez grasse quoi qu'elle appartienne aux étages moyens du groupe supérieur des couches, autant qu'on peut en juger par les données actuelles et encore très-incomplètes des explorations faites.

Composition du terrain houiller productif.

Le terrain houiller est composé d'une foule d'assises variant à l'infini et formées de houille, de schistes, de grès et de conglomérats. Dans les couches de schistes et souvent dans le voisinage de celles de houille, on rencontre parfois des rognons, des couches et de petites veines de sphérosidérite et de minerai de fer spathique à grains fins.

Houille.

Les couches de houille ont une puissance variable depuis

26$^{m}/^{m}$ jusqu'à celle de 3^{m}77; elles sont généralement divisées en plusieurs sillons séparés par des nerfs de schistes. Lorsque les nerfs ne sont eux-mêmes pas trop minces, ces sillons sont séparés de leur toit par un havage schisteux et feuilleté de 0^{m}026 à 0^{m}052 d'épaisseur. Là où ce havage fait défaut, la houille semble faire corps avec la roche avoisinante.

Les barres de terrains qui les séparent sont composées de schistes durs ou argileux, renfermant parfois des rognons de sphérosidérite et des bancs argileux.

Les houilles de Sarrebruck sont d'une richesse moyenne en carbone; elles présentent les différentes qualités qui résultent de cette quantité de carbone unie à des proportions variables entre elles d'hydrogène et d'oxygène. Elles fournissent, d'une part, de très-bonne houille grasse, quoiqu'elles ne possèdent pas à un haut degré la propriété collante de ces houilles, et passent ensuite par tous les différents degrés des houilles demi-grasses, presque maigres, maigres, jusqu'aux houilles (Sand-Kohlen), absolument sèches et maigres dont il n'y a pas de grands gisements. Elles brûlent avec une flamme longue, à condition d'être soumises à un tirage actif, et déposent une notable quantité de suie.

Ces houilles montrent, comme toutes celles qui présentent une richesse moyenne ou moindre en carbone, des couches alternant entre elles et dont la proportion de carbone est plus ou moins grande. Les premières ont une couleur noir foncé, brillante, luisante comme la poix, une cassure conchoïdale, et sont plutôt friables que solides. Les dernières, au contraire, ont une couleur noir-terne, sans éclat, une cassure unie affectant rarement la forme de esquilles plates, une dureté plus grande qui alterne cependant avec de la friabilité.

Ces diverses qualités de houille sont souvent enchevêtrées l'une dans l'autre, surtout parmi les houilles grasses; souvent aussi elles sont bien distinctes et séparées l'une de l'autre, principalement pour les houilles demi-grasses et maigres.

On rencontre fréquemment dans les sillons des couches, et toujours parallèlement à leur plan de stratification, des veines de houille filandreuse (bois minéral, anthracite filandreux) d'une épaisseur variant depuis $2^{m}/^{m}$ jusqu'à $20^{m}/^{m}$: ces veinules ont très-peu de cohésion et la houille se divise facilement en morceaux, suivant leur direction. Elles se rencontrent dans toutes les couches, mais elles sont plus nombreuses dans les supérieures que dans les inférieures, comme on le voit par la plus élevée de toutes les couches à la mine Kronprinz Frédéric-Guillaume, où elles sont très-abondantes et épaisses. On les trouve quelquefois aussi partiellement dans la masse de la houille.

On peut encore mentionner l'existence d'un sillon de Cannelkohle à cassure conchoïdale. Il a une épaisseur de $80^{m}/^{m}$ à $105^{m}/^{m}$, et se trouve au mur de la couche Tauenzien à la mine de Heinitz, où il a été reconnu à l'Ouest dans la première galerie à travers bancs, au niveau du Flottwelstollen. A cette même mine on a reconnu, par le puits Dechen, à l'ouest dans la première galerie à travers bancs, à une profondeur moitié jusqu'au Saarstollen et dans le sillon adjacent de la couche Thielmann, quelques pouces d'une houille terne, très dense, qui se distingue par des plans de clivage à angles vifs formant des parallélipipèdes obliques.

La houille du bassin de Sarrebruck présente généralement une dureté telle qu'il faut l'abattre à la poudre et qu'elle fournit beaucoup de gros morceaux. La houille grasse est plus friable que la maigre. Les plans de clivage et de séparation ne traversent pas en général toute l'épaisseur des couches ou des bancs, mais ils s'arrêtent à de minces sillons de houille filandreuse ou à des bancs de schiste. En général leur direction est presque perpendiculaire au plan de stratification des couches ou s'écartant très peu de cette perpendiculaire. On remarque cette particularité à tous les morceaux de houille, à leur forme de parallélipipède rectangle terminé par les plans de stratification lisses et par des plans de clivage formant plusieurs gradins interrompus par des fentes isolées.

Ce qui distingue encore d'une manière particulière la houille de tout le bassin, c'est la présence de dolomie (braunspath), qui remplit entièrement les petites fentes. Cette dolomie s'observe tantôt sous la forme d'un enduit très fin, tantôt elle atteint jusqu'à 2m/m d'épaisseur.

Ces sillons de dolomie de couleur blanchâtre, qui se découvrent souvent dans les plans des cassures, donnent à la houille de Sarrebruck une apparence tachetée toute particulière. Ils se retrouvent dans la houille grasse tout comme dans la houille maigre ; dans certaines couches ou certaines parties de couches, ils sont plus nombreux que dans d'autres. Vu la faible épaisseur et la finesse de cette matière remplissante, on ne trouve pas qu'à l'usage elle ait une influence nuisible sur la qualité du combustible.

Une analyse de cette dolomie (d'après Karsten) donne pour sa composition :

Carbonate de chaux	49,5
Carbonate de magnésie	48,7
Carbonate de protoxyde de fer . . .	1,6
	99,8

On trouve aussi des pyrites ou sulfures de fer, en rognons et en bandes, dans les terrains séparant les couches de houille, dans les sillons de houille filantreuse, dans les fissures de la houille et on en voit même mélangées à la dolomie qui remplit les fentes.

La quantité de parties terreuses (cendres) varie dans de grandes proportions dans la houille de Sarrebruck ; mais elle est toujours assez forte. Quelle que soit la variabilité de cette proportion, il n'en ressort pas moins que les houilles grasses renferment le moins de cendres et que la proportion augmente dans les houilles des couches supérieures. Ce qu'il y a de re marquable dans la composition chimique de cette cendre, c'est que, comparée à celle des houilles d'autres bassins ou d'autres provenances, elle renferme très peu de chaux et de magnésie, ce qui a lieu de surprendre beaucoup en considérant la fréquence de la dolomie qui remplit toutes les fentes.

La composition chimique de la cendre provenant des houilles du bassin de Sarrebruck est la suivante d'après l'analyse de Karsten :

Silice.	32,9
Alumine.	42,6
Oxyde de fer	18,2
Chaux.	1,5
Magnésie	1,7
	98,9

C'est le hasard qui détermine la teneur plus ou moins grande d'oxyde de fer, puisque cet oxyde provient en majeure partie de sulfures de fer très fins répandus dans la masse de la houille.

Les couches de houille présentent souvent cette propriété remarquable, qu'en certains endroits la teneur en cendres augmente dans une telle proportion que la houille perd une grande partie de son pouvoir calorifique et devient même impropre à la combustion. On dit alors que la houille est pierreuse ou qu'elle provient d'une couche pétrifiée. C'est ordinairement dans le voisinage des dérangements, dans les parties des couches rétrécies que ce cas se présente.

La substance, qui dans ces pétrifications a pénétré la masse de houille se compose en partie de dolomie (ou de chaux dolomitique ou d'autres spaths carbonatés) et en partie de silicates comme la cendre ordinaire.

Quelques exemples éclairciront cette propriété de la houille pierreuse :

1° Mine d'Altenwald, couche n° 16 ;
2° Mine Gerhard, couche Henri, sillon supérieur ;
3° Mine Kronprinz, couche Dilsbourg, sillon inférieur ;
4° Mine Prince-Guillaume, couche Auerswald ;
5° Mine de Reden, couche Jacob.

	1°	2°	3°	4°	5°
Houille....	69,72	60,32	40,35	79,07	21,93
Carbonate de chaux......	0,10	18,56	0,40	10,42	49,82
Carbonate de magnésie...	0,19	10,27	1,04	6,09	17,32
Silice.................	15,89	3,74	27,71	0,49	1,90
Alumine et oxyde de fer..	10,28	6,54	22,55	3,30	8,59
Chaux..................	»	0,27	0,31	0,08	0,36
Magnésie...............	0,12	0,02	0,01	0,05	»
Alcalis et pertes.........	3,70	0,28	7,63	0,50	0,08
	100,00	100,00	100,00	100,00	100,00

Les résultats d'expérience suivants montrent la dureté de la houille et la proportion des gaillettes dans une quantité donnée.

A la mine de Reden, dont les couches appartiennent au groupe supérieur du bassin, la houille extraite des puits est séparée en gaillettes et en menus en passant sur des grilles inclinées à 35° et dont les barres sont espacées de 46m/m.

La moyenne donne 65 à 68 pour cent de gaillettes et 35 à 32 pour cent de menus. Quand on fait passer ces derniers sur une nouvelle grille à barreaux espacés de 20 m/m, on obtient 15 à 20 pour cent de gailletterie noisette et 80 à 85 pour cent de menus fins.

Divers essais, faits sur la houille de chaque couche séparée, à la mine de Reden, afin de connaître la proportion de grosse et de menue, avec des grilles inclinées à 35° et à barreaux espacés de 20m/m, ont donné les résultats suivants :

	Gaillette.	Menue.
Veine Frédéric	72,5 p. %	27,5 p. %
» Sophie.	70,4 »	29,6 »
» Jacob	54,0 »	46,0 »
» Hallenberg.	84,3 »	15,7 »
» Alexandre	71,7 »	28,3 »
» Heiligenwald. . . .	58,8 »	41,2 »
» de 84 pouces (2m,10).	65,4 »	34.6 »
Moyenne des essais	68,16 »	31,84 »

La houille menue est elle-même à gros grains et on ne trouve de la véritable houille poussiéreuse qu'en très petite quantité.

On peut admettre que la houille de tout le groupe supérieur est analogue sous ce rapport à celle de la mine de Reden. Il n'en est pas de même des couches du groupe inférieur; elles présentent une dureté bien moindre.

A la mine de Heinitz, la houille grasse, passée sur des grilles espacées de $40^m/^m$, n'a donné que 45 à 50 pour cent de morceaux. Depuis ces essais, on a fait de nouvelles grilles de 6 mètres 28 de longueur, inclinée de 28 à 30° et à barreaux espacés de $26^m/^m$. La houille passée sur ces grilles a donné 59 à 60 pour cent de morceaux et 40 à 41 pour cent de menue.

Certaines couches triées séparément donnent jusqu'à 65 pour cent de morceaux.

A la mine de Duttweiller, le passage de la houille sur des grilles espacées de $46^m/^n$, dans l'extraction courante et en grand, donne environ 30 pour cent de grosse houille et 50 pour cent de menue,

Des essais séparés sur des grilles espacées de $21^m/^m$ ont donné 54,6 pour cent de gaillettes et gailletteries et 45,4 pour cent de menues; sur des grilles espacées de $10^m/^m$, ils ont donné 74,8 pour cent de gailletes et gailletteries, et 25,2 pour cent de menues fines.

Il s'ensuit que la proportion de véritables menues fines n'est pas grande, même pour la houille du groupe inférieur, quoique cette dernière fournisse une moins grande proportion de gros morceaux et une plus grande quantité de gailletterie noisette que celle des couches du groupe supérieur.

Lors des expériences que Brix a faites sur le pouvoir calorifique de la houille de Sarrebruck, on a aussi fait des essais sur sa cohésion afin de juger de ses propriétés transportables. On a mis dans un tonneau des morceaux de $0^k,500$ à $0^k,750$. Ce tonneau était traversé, dans sa longueur, par un arbre horizontal armé de bras en équerre de 0m08 de longueur et portant une manivelle au bout.

Après 50 révolutions de l'arbre, on fit passer la houille à travers 2 tamis, l'un à mailles écartées de 10m/m et l'autre à mailles espacées de 26m/m pour en séparer les gros morceaux. Les résultats sont consignés dans le tableau suivant en gros, noisette et menu.

	Morceaux.	Noisette.	Menu.
Mine de Duttweiler, veine Beyer.....	64,3	12,0	23,7
d° » Natzmer...	86,0	4,6	9,4
Mine de Heinitz, » Blucher....	86,4	3,4	10,2
d° » Aster......	81,4	4,2	14,4
Mine de Gerhard, » Beust......	89,0	3,2	7,8
d° » Henri......	88,0	3,8	8,2

Dès 1846, Karsten avait, dans ces essais, trouvé les résultats suivants :

Houille de la couche Koch à la mine Wellesweiler.
Pesanteur spécifique, 1,268.

	Composition chimique.	Sans tenir compte de la teneur des cendres.
Carbone..........	81,323	82,144
Hydrogène.........	3,207	3,233
Oxygène..........	14,470	14,623
Cendre...........	1,000	»
	100,000	100,000

	Pesanteur spécifique.	Teneur totale en carbone.	Carbone à utiliser.	Cendre.
A. *Houille grasse.*				
Duttweiler, couche Dennewitz, n° 16.	1,258	64,0	63,85	0,15
Sulzbach, galerie Gotthilf..........	1,255	68,2	67,65	0,55
Duttweiler, n° 5..................	1,260	65,0	63,8	1,2
Duttweiler, Kleist-nollendorff n° 15..	1,272	69,2	67,7	1,5
Frédérichsthal, couche Motz........	1,254	64,8	64,15	0,65
Wellesweiler, couche Koch.........	1,262	65,6	64,6	1,0
Wellesweiler, couche Noeggerath....	1,268	64,5	63,95	0,55
B. *Houille demi-grasse.*				
Wellesweiler, couche Becher.......	1,265	65,1	64,12	0,98
Wellesweiler, couche Heusler.......	1,270	65,8	64,8	1,0
C. *Houille maigre.*				
Wellesweiler, couche Fulda........	1,284	68,5	65,5	3,0
Wellesweiler, couche Sello...	1,277	65,5	64,3	1,2
Merchweiler, galerie Eberhard, sillon du milieu........................	1,272	63,08	61,88	1,2
Merchweiler, galerie Eberhard, sillon du mur..........................	1,282	61,88	60,98	0,9
Prince-Guillaume, couch. Ingersleben	1,292	62,1	60,8	1,3
Prince-Guillaume, couche Karsten...	1,295	64,0	63,4	0,6
Gerhard, couche Henri............	1,271	58,5	56,9	1,6
Gerhard, couche Beust............	1,316	62,5	59,6	2,9
D. *Houille maigre devenant plus sèche.*				
Kronprinz Frédéric-Guillaume, galerie Frédéric-Guillaume...........	1,350	64,5	56,1	8,4
E. *Houille entièrement sèche et maigre.*				
Geislautern, couche Alvensleben.....	1,328	62,1	58,2	3,9

Il ressort de ce tableau que la pesanteur spécifique de la houille grasse est la plus petite et que cette pesanteur va en augmentant au fur et à mesure que la houille devient plus maigre. Les couches de Wellesweiler, qui appartiennent les unes aux houilles grasses, les autres aux demi-grasses et aux houilles maigres, ne diffèrent que très peu entre elles quant à leur pesanteur spécifique. L'influence des parties terreuses se fait sentir dans la pesanteur spécifique des houilles sèches et maigres.

Les moyennes de la pesanteur spécifique sont les suivantes :

7	espèces différentes de houille	grasse ont donné	1,261
2	d°	d° demi-grasse . . .	1,267
8	d°	d° maigre	1,287
2	d°	d° sèche et maigre.	1,339
19	espèces dont la moyenne générale est de. . .		1,280

La teneur en cendres est très faible ; elle est de 0,80 en moyenne pour la houille grasse, de 0,99 pour la demi-grasse, de 1,6 pour la maigre et de 6,15 pour la sèche et maigre.

Les analyses de Heintz, publiées dans l'ouvrage de Brix, qui a paru sous le titre de : *Essais sur le pouvoir calorifique des principaux combustibles de la monarchie prussienne*, ont donné les résultats suivants :

		Pesanteur spécifique.	Coke après déduction des cendres.	Cendres.
Mine de Duttweiler,	couche Beyer......	1,291	66,75	1,48
d°	couche Natzmer....	1,280	68,90	1,13
Mine de Heinitz,	couche Blucher.....	1,277	69,24	2,33
d°	couche Aster.......	1,278	67,10	2,65
Mine de Gerhard,	couche Beust.......	1,341	61,04	7,21
d°	couche Henri.......	1,339	58,21	9,97

Dans les derniers temps, on a de nouveau fait beaucoup d'analyses et d'essais pour la détermination du pouvoir calorifique de ces houilles. Le tableau suivant en contient les résultats les plus remarquables et les plus dignes de foi.

I. — Résumé d'analyses et d'essais sur la nature et les effets des houilles de la Sarre.

Numéros.	DÉNOMINATION des mines et des couches.	NOMS des expérimentateurs.	100 k^os de combustible renferment : Car-bone. k^os.	Hydro-gène. k^os.	Oxy-gène. k^os.	Azote. k^os.	Cen-dres. k^os.	100 k^os de combustible déduction faite de la cendre, renferment : Car-bone. k^os.	Hydro-gène. k^os.	Oxy-gène. k^os.	Azote. k^os.	Pour le pouvoir calorifique, on peut prendre en considération : Car-bone. k^os.	Hydro-gène à utiliser k^os.	Pouvoir calorifique théorique en calories ou unités de chaleur.	OBSERVATIONS. Le carbone est admis comme donnant 8,000 calories L'hydrogène 34,000 d^o.
	Mine de Duttweiler.	Professeur :													
1	Couche Natzmer	Heindz	83,36	5,19	9,06	0,60	1,52	84,92	5,27	9,20	0,61	83,63	4,06	75,47	Houille grasse.
2	Couche Beyer...........	d^o..........	81,29	5,30	8,54	—	4,87	85,45	5,57	8,98	—	81,29	4,23	74,32	
	Mine de Heinitz.														
3	Couche Blucher..........	d^o...........	80,53	5,06	11,91	—	2,50	82,60	5,19	12,21	—	80,53	3,57	74,50	
4	Couche Aster	d^o...........	78,97	5,40	13,22	—	2,71	81,17	5,25	13,59	—	78,97	3,45	70,06	
	Mine de Gerhard.														
5	Couche Beust............	d^o...........	72,38	4,46	15,05	—	8,41	78,77	4,85	16,38	—	72,58	2,58	62,19	Houille maigre.
6	Couche Henri............	d^o...........	70,20	4,70	13,27	—	11,83	79,62	5,33	15,05	—	70,20	3,04	64,98	
	Mine de von der Heydt.	Fabrique de sucre													
7	Couche Charles (1^m,41) ...	de Waghaeusel..	70,30	3,52	18,14	—	8,04	76,44	3,82	19,74	—	70,30	1,25	60,49	
8	Couche de Dohlengraben...	d^o..........	65,37	3,64	19,30	—	11,69	74,23	4,12	21,65	—	65,37	2,18	59,70	
	Mine de Reden.														
9	Couche Kallenberg........	d^o...........	71,52	4,06	14,79	—	9,63	79,14	4,19	16,37	—	71,52	2,21	64,72	
10	Couche Alexandre........	d^o...........	69,46	4,19	17,38	—	9,00	76,33	4,61	19,06	—	69,46	2,03	62,47	
	Mine de Geislautern.														
11	Couche Alvensleben.......	d^o...........	68,62	3,76	17,57	—	10,05	76,28	4,18	19,54	—	68,62	1,57	60,22	
12	Couche Emile............	d^o...........	73,77	4,35	17,83	—	4,05	76,98	4,33	18,49	—	73,77	2,12	66,21	
	Mine de Kronprinz. b. Schwalbach.														
13	Couche de Schwalbach	d^o...........	62,90	3,84	17,4	—	15,86	74,70	4,57	20,73	—	62,90	2,39	58,44	

II. — Essais sur le pouvoir calorifique à utiliser, faits par Brix.

Le pouvoir calorifique indique combien un kilogramme de combustible sec ou non séché peut vaporiser de kilogrammes d'eau prise à 0 degré centigrade et les convertir en vapeur à 100 degrés.

N°.	MINES ET COUCHES.	1 kil. de combustible non séché vaporise en eau : 1er essai	2e essai.	Calories utilisées dans ces essais, en moyenne.	Puissance calorifique théorique, 3 2	OBSERVATIONS.
		k°s.	k°s.			
1	Mine de Gerhard, couche Beust.	6,85	6,85	4384	6576	On a admis qu'il faut 640 calories pour vaporiser 1 kil. d'eau.
2	d° couche Henri.	6,54	6,77	4256	6384	
3	Mine de Heinitz, couche Blucher	7,92	7,74	5011	7516	
4	d° couche Aster..	7,61	7,85	4947	7420	
5	Mine de Duttweiler, c. Natzmer.	7,54	8,07	5092	7638	
6	d° c. Beyer. ..	7,73	7,54	4883	7319	

Quant aux résultats fournis en gaz d'éclairage, on n'a pas fait des essais comparatifs assez généraux, ni assez suivis pour pouvoir bien préciser. Il n'existe encore que quelques données partielles et isolées.

Pour ce qui concerne la quantité de gaz d'éclairage à utiliser, il ressort de ces données que la houille de toutes les mines qui exploitent les couches inférieures fournit des quantités équivalentes. Le rendement du travail sans *exhaustor* donne en général 27 à 28 mètres cubes de gaz par 100 kil. de houille et celui du travail avec *exhaustor* donne 31 mètres cubes de gaz par 100 kil. de houille.

Le pouvoir éclairant de la houille de Heinitz est cependant plus puissant que celui des houilles de Duttweiler et d'Altenwald.

D'après les résultats communiqués par une usine à gaz très importante qui a employé 2,250 tonnes de houille dans une année et qui se sert de l'*exhaustor*, on a obtenu les moyennes suivantes :

Rendement en gaz par 100 kilog. de houille.		30^{mc},690
d° en coke	d°	55^{k},500
d° en menu coke	d°	2^{k},500
En goudron.		4^{k},000
Eaux ammonicales		7^{k},000

Pouvoir éclairant : un bec brûlant 137 litres à l'heure : 14 bougies de cire de 8 au kilogramme.

Pour ce qui concerne le rendement en coke, il doit y avoir là une erreur, parce qu'en général les usines à gaz accusent un rendement de 60 à 65 pour cent et que la fabrication du coke en grand donne de 62 à 68 pour cent.

Les résultats indiqués jusqu'ici n'ont cependant qu'une importance technique générale ; ils ne peuvent pas servir à juger spécialement la quantité de gaz renfermée dans la houille, puisqu'ils ont été obtenus avec de la houille mélangée de différentes couches. On n'a expérimenté le rendement des couches distinctes qu'à la petite usine à gaz de Duttweiller ; elle a donné les résultats suivants :

			Rendement en gaz par 100 kil.	Rendement en coke par 100 kil.
			m. c.	
Houille en morceaux de la couche	n°	13.......	29,450	63 p. 0/0
d°	d°	10.......	27,280	64 »
d°	d°	6.......	24,800	61 »
d°	d°	8.......	24,800	61 »
d°	d°	20.......	23,870	63 »
d°	d°	21... ...	23,870	62 »
d°	d°	3.......	23,250	60 »
d°	d°	11.......	23,250	60 »
d°	d°	18.......	23,250	62 »
d°	d°	5.......	22,940	63 »
d°	d°	7.......	21,700	62 »
d°	d°	19.......	21,700	63 »
d°	d°	4... ...	18,600	62 »

On voit par les résultats qui précèdent qu'il existe une grande différence d'une couche à l'autre et que le rang de leur superposition ne détermine nullement leur teneur en gaz d'éclairage. On voit aussi que les couches les plus riches en gaz d'éclairage ne sont pas non plus celles qui fournissent précisément le plus faible rendement en coke. Relativement au rendement de la quantité de gaz en général, le tableau ne donne qu'une base pour la comparaison des différentes couches l'une avec l'autre ; ce rendement est en tout cas trop faible, puisque l'appareil d'essai est loin d'être parfait et qu'il ne saurait donner le rendement total en gaz.

Les essais faits aux fours à coke de Duttweiller ont donné un rendement général moyen en coke de 65 à 66 pour cent.

La teneur moyenne de la cendre contenue dans le coke était de 6 à 10 pour cent. La nature de la houille de ce bassin est telle qu'il s'y développe abondamment de l'hydrogène protocarboné (grisou, gaz détonnant des houillères). Ce gaz devient de plus en plus fréquent au fur et à mesure que les travaux se développent en profondeur. Le grisou se dégage de beaucoup de couches en plus ou moins grandes quantités, que la houille soit grasse ou maigre. Il devient plus abondant en profondeur, par cette simple raison qu'aux affleurements des couches et dans leur voisinage immédiat, le gaz peut s'échapper facilement par les fissures des veines ou de leur toit et que, par suite, elles sont alors dépouillées de leur grisou de la même manière qu'on les en dépouille artificiellement pendant l'exploitation au moyen des voies descendantes suivant leur pendage. Les couches qui donnent beaucoup de gaz opposent parfois de grandes difficultés à l'exploitation de la houille. On trouve une preuve que le gaz, développé dans les couches, s'échappe par les roches avoisinantes, par la rencontre qu'on en fait dans les failles et les fissures des bancs de grès et de conglomérats houillers, où il constitue les soufflards ou sources de gaz, tels qu'on en a vus et qu'on en voit encore souvent à la mine de Wellesweiler et à celle de Gerhard. La manière d'être de la production du gaz montre, du reste, que les vides et les fentes de la houille sont remplis de gaz qui, lorsqu'on ouvre les tailles, s'en échappe en bien plus grandes masses que les couches n'en produiraient normalement. A cette production de gaz se lie vraisemblablement le changement que l'état de la houille affecte quand elle est exposée à l'air aussitôt après être extraite. Ce changement est tel que les houilles récemment extraites fournissent plus de gaz et du coke meilleur et plus compact que celle qui ont séjourné quelque temps en contact avec l'air ; ce contact leur fait donc perdre une partie de leurs propriétés grasses et collantes. On a, du reste, reconnu partout que les houilles maigres se dénaturent aussi à l'air et ne possèdent plus la même puissance calorifique que celles fraîchement extraites et employées aussitôt. On n'a pas encore fait d'analyses sur le changement d'état que subit la houille dans ces circonstances. Mais on le remarque déjà, quoiqu'à un moindre degré, à la houille en place dans les couches qu'on exploite lorsque les galeries qui la traversent en différents sens la mettent en communication avec l'air atmosphérique qui pénètre alors dans les moindres fissures et les remplit.

Roches adjacentes.

Le toit de chaque couche se compose essentiellement de schistes réguliers renfermant souvent de petites veinules de houille. Ce n'est que rarement et partiellement qu'on y rencontre des grès ou des conglomérats, et lorsqu'on trouve ces derniers en contact immédiat avec les couches de houille, il arrive très-souvent qu'en cet endroit elles présentent des irrégularités plus ou moins grandes, mais dont il ne reste pas de traces dès qu'une veine de schiste vient s'interposer entre la houille et le grès.

Le mur immédiat de chaque couche est presque sans exception formé de schistes, lors même que ces derniers n'auraient souvent qu'une faible épaisseur. Les bancs de grès occupent, par suite, presque toujours la partie moyenne entre les couches de houille, ou bien ils alternent avec les schistes dont ils se rapprochent en devenant de plus en plus argileux, de même qu'ils se transforment en d'autres endroits en conglomérats.

Les conglomérats se présentent en bancs dont la puissance varie depuis 6 jusqu'à 42 mètres, mais dont la régularité ne se continue longtemps, ni suivant la direction, ni suivant l'inclinaison ; ils se transforment alors bien souvent en bancs de grès. On rencontre les conglomérats dans toutes les séries de couches de la formation, de même aussi que dans les parties des terrains stériles qui séparent les séries entre elles, mais ils sont généralement irréguliers. On trouve des bancs très-épais dans le groupe inférieur et de même aussi dans celui supérieur.

Ces terrains se comportent de diverses manières, par rapport aux afluences d'eau. Si le terrain houiller du bassin de Sarrebruck fourni en général peu d'eau, en comparaison de celui d'autres bassins, comme on en a la preuve par les travaux profonds et très-étendus de la mine Kronprinz-Frédéric Guillaume et Geislautern qui, dans une année entière, ne fournissent à èpuiser par minute que 500 litres pour la première et 434 pour la deuxième, on ne peut l'attribuer qu'à la présence d'épais bancs de schistes houillers imperméables. Ces bancs forment près de leurs affleurements des lits d'argiles imperméables sur lesquels les eaux de la surface peuvent s'écouler sans pénétrer en profondeur. Les bancs de grès ou de conglomérats, au contraire, sont en général très-fissurés et remplis de fentes plus ou moins ouvertes qui se remplissent de grandes quantités d'eau depuis la surface jusqu'à de grandes profondeurs. Les ruisseaux et les filets d'eau moindres, qui coulent à la surface, fournissent aussi une partie du contingent de ces réservoirs d'eau. Il résulte fréquemment de là que, dans le travail des mines, lorsqu'on attaque de pareils bancs de grès ou de conglomérats, on y rencontre de grandes masses d'eau qui diminuent ensuite petit à petit.

Minerais de fer.

Les minerais de fer se rencontrent en majeure partie dans le groupe inférieur et dans les deux étages moyens du groupe supérieur, plus rarement dans l'étage supérieur ; ils se trouvent sous forme de rognons sphéroïdiques ou lenticulaires, parfois aussi en couches continues. La première forme est la plus fréquente et la plus ordinaire,

Les diverses espèces de ces minerais sont les suivantes :

1° Sphérosidérite argileux (dit minerai blanc) ;

2° Minerai de fer argileux rouge et minerai de fer rouge (minerai rouge) ;

3° Fer spathique à grains fins (minerai gris) ;

4° Minerai de fer brun (minerai brun).

On trouve ordinairement, mélangé au minerai de fer, du spath calcaire, du spath ferrugineux, du braunspath, du mesitinspath (magnésite), du bitterspath (chaux carbonatée magnésifère), de la blende, de la galène, du nickel sulfuré dit haarkies, des sulfures binaires, des sulfures de cuivre et des sulfures de fer. Ces derniers sont très-abondants.

Le minerai de fer carbonaté des houillères paraît manquer totalement ; on ne peut y rapporter que quelques rares veinules qui paraissent se rapprocher de la houille pierreuse ou pétrifiée et une petite couche exploitée à la mine de fer Charles, près Elversberg.

Le minerai rouge se tient dans une seule et même zône du groupe inférieur ; il est reconnu et marqué sur la carte aux mines Ferdinand et Charles, près de Elversberg, Frédéric et Ravensfund, dans l'aval pendage des mines de Sulzbach, Altenwald et dans la galerie Wolff, à l'aval pendage de la mine de Duttweiler. Dans le premier étage moyen du groupe supérieur, on ne le trouve que dans l'amont pendage de Jaegersfreude, et dans le deuxième étage moyen, dans l'amont de la mine Von-der-Heydt, à celle de Laufert et dans la galerie Lampenneststollen; dans le prolongement de ces couches, vers l'Est, on trouve tantôt du minerai de fer spathique à grains fins (minerai gris), tantôt du sphérosidérite argileux (minerai blanc), comme c'est le cas aux mines de fer Gehlenpfad, Faulbaumenheck, faisant partie du premier étage moyen, et aux mines de Daxbau, Himbeerenschlag, Krumbruch et Buechenkopf du deuxième étage moyen.

La rencontre du minerai rouge se lie à celle du terrain houiller rouge qui constitue une particularité du bassin houiller de Sarrebruck, dont il va être question ultérieurement.

Argile en roche.

L'argile compacte, en roche, se présente tantôt comme nerf intermédiaire entre les couches de houille, tantôt en bancs isolés, surtout dans le groupe inférieur des couches et dans le premier étage moyen du groupe supérieur; dans le groupe inférieur, on la rencontre à divers étages en couches ou en nerfs de séparation variant depuis $0^m,26$ jusqu'à $0^m,785$ d'épaisseur: elle y est connue sous le nom de pierre calcaire sauvage. Dans le premier étage moyen, on ne trouve que deux couches de $0^m,26$ à $0^m,39$ d'épaisseur, reconnues dans la tranchée du chemin de fer près de Jaegersfreude. Plus loin, vers l'amont pendage du bassin, on ne rencontre plus l'argile que dans les nerfs de séparation de la couche exploitée à la mine Kronprinz Frédéric Guillaume.

Quelques bancs de cette argile, quand ils ne contiennent que peu ou point de pyrites, fournissent une excellente matière réfractaire. On n'en a pas fait un usage plus fréquent dans ce but à cause, d'abord des nombreuses pyrites incrustées presque toujours dans la masse de l'argile, ensuite de sa grande dureté et de sa résistance aux influences atmosphériques. Dans la couche n° 11 du groupe inférieur, l'argile compacte en roche forme un banc intermédiaire d'une épaisseur variant de $0^m,42$

$0^m,78$ et se continuant dans toute la série. Aussi a-t-on choisi cette couche comme *couche conductrice*.

Quant à la composition chimique de cette argile, nous la trouvons dans une analyse du docteur Charles Bischof, qui a analysé l'argile en roche de la couche Heustler, à la mine de Wellesweiler, afin de reconnaître surtout ses propriétés réfractaires pour la fabrication des briques.

Silice combinée chimiquement. . . .	38,05	49 55
Silice en grains de quartz.	11,50	
Alumine.	35,19	
Oxyde de fer.	0,31	2 20
Chaux.	0,45	
Magnésie.	0,31	
Potasse.	1,13	
Perte à la calcination (eau et houille).	13,70	
Soufre (pyrites).	traces	
	100,64	

Dans cette analyse, on a eu soin surtout de déterminer rigoureusement la silice et de faire la différence entre celle combinée chimiquement et celle mélangée à l'état de sable quartzeux; ensuite, l'alumine et puis les parties considérées comme fondant de la masse. Comme la teneur en eau et en houille n'entre pas en ligne de compte lorsqu'on emploie l'argile à des usages réfractaires, il y a intérêt à connaître le rapport des combinaisons sans considérer la perte à la calcination, tel qu'il ressort du tableau suivant :

Silice combinée chimiquement. . . .	43,77	57 00
Silice en grains de quartz.	13,23	
Alumine.	40,47	
Oxyde de fer.	0,355	2 53
Chaux.	0,052	
Magnésie.	0,355	
Potasse.	1,30	
	100,00	

Comme terme de comparaison, nous donnons ici une analyse de la meilleure argile réfractaire écossaise de Garnkirk, analyse faite de la même manière et calculée en ne tenant pas compte de la perte à la calcination qui est de 14,99 pour cent.

Silice combinée chimiquement. . . .	47,12	52 63
Silice en grains de quartz.	5,51	
Alumine. . . . . , ...	42,77	
Oxyde de fer.	1,19	4 60
Chaux.	0,50	
Magnésie.	1,01	
Potasse. . . . . , . .	1,90	

La différence chimique la plus essentielle entre l'argile réfractaire de Welleswciler et celle de Garnkirk, consiste en ce que cette dernière renferme 7,72 p. 0/0 moins de quartz en grains mélangé à la masse que la première, tandis que toutes les autres parties qui la composent y entrent dans une proportion à peu près semblable.

Calcaire.

L'apparition de quelques faibles veines de calcaires de 0m,15 à 0m,32 d'épaisseur, dans le toit des deux étages moyens du groupe supérieur des couches de houille, semble se lier à celle du minerai rouge et du terrain rouge. L'un de ces bancs se montre dans le toit des couches de Jaegersfreude, immédiatement au-dessus d'un banc de minerai rouge : il n'a que 0m,02 à 0m,05 d'épaisseur et ne paraît pas avoir une grande étendue. Les deux ou trois autres bancs de calcaire, de 0m,26 à 0m32 d'épaisseur. sont voisins l'un de l'autre dans le mur des couches de houille de Guichenbach; ils s'étendent jusqu'à Coelu vers l'ouest et jusqu'à Goettelborn vers l'Est; on en trouve encore dans le toit de la mine Laufert où en exploite le minerai de fer rouge et qui est située dans la vallée de la Burbach.

Le terrain rouge.

Le terrain appelé terrain rouge, est ainsi nommé parce que

toutes les parties du terrain carbonifère dont il se compose : schistes, grés et conglomérats sont colorés en rouge d'une manière toute particulière. Les schistes, dans le voisinage du terrain rouge, prennent des taches rougeâtres qui tranchent sur la couleur grise qui leur est habituelle. Les taches rouges augmentent ensuite tellement que toute la roche prend à la fin une teinte rouge intense. Cette coloration est produit par de l'oxyde de fer dont la présence fait conclure à une accumulation de minerai rouge dans ces parties. Cette teinte se lie encore à de fortes fissures, à un fort dérangement dans la régularité des bancs de roches et souvent à la présence de nombreux rejets et de fortes failles. L'étendue des terrains présentant cette particularité singulière est très irrégulière ; sa longueur est plus ou moins grande en direction comme en inclinaison, tandis que les bancs du toit et ceux du mur continuent à se prolonger régulièrement et sans en être affectés. On ne pourra déterminer les formes définitives qu'affectent les parties de ce terrain rouge reconnues jusqu'aujourd'hui, que lorsqu'elles auront été explorées plus profondément et circonscrites tout à l'entour par les travaux d'exploration ultérieurs. L'influence du terrain rouge sur les couches de houille se fait sentir partout où il se trouve et se montre déjà là où la roche adjacente, celle du toit surtout, prend des taches rouges. La houille passe à l'état pierreux et sa puissance diminue en même temps. Dans quelques cas chaque couche isolément diminue d'épaisseur et se poursuit ensuite jusqu'à ce qu'elle ne marque plus sa présence que par une simple ligne noirâtre. Dans la plupart des cas, l'écrasement des couches se communique du toit vers le mur, mais parfois aussi les sillons du mur ont été affectés plus tôt que ceux du toit. Dans quelques couches voisines l'une de l'autre, on remarque aussi que les limites du terrain rouge ne sont pas à angles droits sur la direction des bancs, mais qu'elles les traversent diagonalement. La simultanéité de l'apparition du terrain rouge et du recouvrement du terrain houiller par les grés des Vosges, a donné lieu à la supposition que ce serait ce dernier en partie la cause de ce phénomène et même qui l'aurait produit entièrement. Mais cette hypothèse est contredite par maintes parties où le terrain rouge apparaît loin du grés des Vosges et bien indépendant de lui.

Le terrain rouge se retrouve partout où se montre le minerai rouge ; ainsi, au toit des couches de Jaegersfreude, dans la vallée de la Burbach et dans le rayon de la mine de fer Laufert, au mur des couches de Guichenbach et enfin dans le mur des dernières couches du groupe inférieur auxquelles il a fait donner le nom de Rothoeller-Flœtze (couches de l'enfer rouge) ; on le rencontre à la mine de Reden, dans le toit de la faille qui sépare la partie du levant de celle du couchant, au levant de la mine de Hohlwald, et enfin en parties très étendues entre la mine de Wellesweilér et les travaux dé la galerie Ziehwaldstollen. Il est possible cependant que cette dernière apparition du terrain rouge soit provoquée par une cause toute différente. En effet, il est rejeté là en avant par une faille très considérable suivant la direction des bancs ; il se peut, par suite, que le terrain rouge, en cet endroit, ne soit lui-même que du nouveau grés rouge (*terrain houiller pauvre en couches*) tel que celui que le grés des Vosges recouvre à l'est de Wellesweiler.

Dérangements du terrain houiller.

Les accidents qui affectent et dérangent les couches de houille se réduisent à deux principaux : les failles ou cassures (rejets) et les recoutelages.

Les failles sont produites par des fentes ou fissures souvent très étroites, plus rarement larges, qui traversent les couches et de l'autre côté desquelles les sillons du toit se trouvent à un niveau plus bas que ceux du mur en deçà. Ces cassures ont toutes sortes de directions ; mais en général elles s'approchent plus ou moins de celle perpendiculaire à la direction générale des couches.

Certaines d'entre elles s'approchent cependant plus de la ligne de direction et pour cette raison portent le nom de failles en direction. L'inclinaison de ces failles, qui détermine le sens dans lequel les terrains se sont séparés et quel est celui des côtés qui est descendu, n'est soumise à aucune règle fixe ; elle a lieu tantôt d'un côté, tantôt de l'autre, de sorte que sur tout l'ensemble en général leur influence se neutralise à peu près. Elles sont aussi répandues très inégalement, car dans certaines parties il s'en trouve beaucoup les unes à la suite des autres, tandis que dans d'autres il y a de grandes distances d'une faille à sa voisine. Ainsi, par exemple, le levant de la mine Kronprinz-Frédéric-Guillaume présente une étendue de plus de 2,500 mètres sans aucune faille transversale, surtout depuis les affleurements jusqu'au niveau du premier étage d'exploitation en dessous de la galerie du jour. A cet étage cependant et dans les voisinages des puits, il se montre une faille en direction.

Dans les champs d'exploitation de Hostenbach et de Geislautern, en se dirigeant vers l'ouest, du côté de la France, on rencontre des failles nombreuses; il en est de même vers la limite est du bassin, à la mine de Wellesweiler.

La hauteur du rejet, c'est-à-dire la distance verticale des deux points d'un seul et même sillon, jadis reliés et maintenant séparés par la fissure, varie depuis la plus faible mesure, atteignant à peine l'épaisseur d'une petite couche de houille, jusqu'à la hauteur extraordinaire de 314 mètres. Pour déterminer rigoureusement ces hauteurs, il faut de grands soins afin d'éviter les déceptions. On les reconnaît le plus sûrement lorsque des selles ou des fonds de bateau sont coupés très diagonalement par les failles, parce que, dans ce cas, il ne saurait subsister de doute sur les points qui devraient se raccorder.

Quelques unes de ces failles ont été suivies et reconnues déjà sur de grandes distances suivant la ligne de leur direction, telles que la faille Cerberus, entre Heinitz et Altenwald ; on la connaît sur plus de 6,360 mètres. La longueur de plusieurs autres, au contraire, est encore inconnue jusqu'aujourd'hui, puisqu'elle dépasse, souvent aux deux extrémités, les explorations faites actuellement. La majeure partie des failles de moindre importance n'a pourtant qu'une longueur limitée, car il arrive que, pour deux couches assez voisines, elles ne se retrouvent pas de l'une à l'autre et elles disparaissent généralement dès qu'on s'enfonce plus bas, tandis que les grandes failles restent telles qu'elles sont depuis la surface jusqu'aux grandes profondeurs de 250 mètres.

L'influence des failles sur les parties de terrain qu'elles affectent est très variable dans ses effets, surtout pour les couches de houille. Celles-ci conservent parfois leur puissance normale et régulière jusqu'au point de la cassure; d'autrefois, elles montrent déjà des dérangements à une assez grande distance de la faille, lesquels consistent généralement en ce que la cohésion de la houille diminue et que la qualité devient de plus en plus mauvaise.

Les superpositions (recoutelages) sont beaucoup plus rares dans le bassin que les failles et elles ne se rencontrent qu'aux mines du Prince-Guillaume et surtout à celle de Wellesweiler ; on en connaît encore une considérable dans les champs d'exploitation situés à l'ouest de la mine de Duttweiler. Dans le cas des failles, les deux parties d'une même couche se séparent de plus en plus, tandis que dans le cas des recoutelages ces deux parties sont superposées longitudinalement sur une certaine étendue. Les fentes qui ont déterminé la cassure des deux parties de couches ont en général un pendage bien plus faible que celles des failles; à la mine de Wellesweiler on en trouve qui ont une inclinaison presque horizontale et ce n'est que très rarement qu'on en rencontre avec des inclinaisons de 60 degrés. Aux extrémités de ces recoutelages les couches sont recourbées légèrement en forme de selle ou boursoufflure qui se fondent petit à petit dans la séparation des deux parties,

La largeur de l'intervalle compris entre les deux parties de couches superposées atteint jusqu'à 42 mètres ; la distance normale est ordinairement de 21 mètres. On est frappé de la simultanéité de ces accidents et de celui des selles et fonds de bateau que font les couches ; on en a la preuve évidente à la mine de Wellesweiler. Il ressort de là aussi que, dans le cas de petites selles étroites, on trouve souvent dans les couches des déchirements qui ressemblent parfois aux failles sans cependant en prendre tous les caractères.

Il est étonnant que, pour les grandes failles qui rejettent les couches de 20 mètres et plus, on ne remarque pas à la surface du sol, près des affleurements, des différences de niveau correspondant à ces différences de hauteur des deux parties séparées d'un même terrain.

Là où on remarque des traces de dénivellation produites par ces accidents, on peut en conclure que les terrains, près des affleurements, ont une dureté et une résistance différentes entre elles, comme on peut s'en assurer par les petites gorges du Engenberg, sur le chemin de Sarrebruck à Gersweiler, gorges qui correspondent aux fonds de bateau des couches.

Un autre phénomène contribue cependant encore à faire remarquer la position des failles à la surface du sol, c'est la présence de sources nombreuses auxquelles elles donnent lieu là où elles affleurent. Ces sources doivent leur existence à l'imperméabilité des couches argileuses et à la séparation, provoquée par les failles, de couches de grés fissurées et par suite accessibles aux eaux et de couches de schistes imperméables. Ainsi il se forme des écoulements d'eau (sources) à la surface, à l'endroit même où les failles débouchent au jour et par suite il existe là des gorges plus petites que les vallées d'écoulement qui doivent leur existence aux sources elles-mêmes.

On ne connaît pas encore jusqu'aujourd'hui le rapport qui existe entre les dérangements et la présence de quelques sources salées qui jaillissent de l'intérieur du terrain houiller productif à Sultzbach et à Clarenthal.

Après avoir donné ces aperçus généraux sur le gisement du terrain houiller du bassin de Sarrebruck, nous allons décrire exactement les groupes de ses différentes séries et donner le détail de chacune des couches qui composent le groupe de chaque série.

Division du terrain houiller.

LE GROUPE INFÉRIEUR DES COUCHES.

En allant de l'ouest à l'est, nous trouvons que ce groupe est exploité par les mines de Duttweiler, Sultzbach-Altenwald, Heinitz, Koenig et Wellesweiler, et, en outre, par la mine royale de Saint-Ingbert, entre Sultzbach et Altenwald. Ces houillères sont situées sur la partie la plus régulière de ce groupe dont l'inclinaison varie de 30 à 45 degrés vers le nord. Il n'existe d'exception à cette règle qu'à Wellesweiler, où on a reconnu une selle, dont le pendage principal est vers l'est, et du sommet de laquelle les couches plongent dans toutes les directions vers les fonds de bateau qui leur correspondent, mais dont on ne connaît pas encore l'étendue vers le sud-ouest à cause du recouvrement des terrains par le grés des Vosges.

Comme couche distinctive de cette série inférieure, on a pris la couche à argile compacte (couche n° 11) qui, par son sillon continu d'argile en roche, est facile à reconnaître et devient éminemment propre à la reconnaissance exacte des couches en deçà et au-delà des failles.

En outre, la bande de Mélaphyre, qui se montre près du Nauweiherhoff et plus à l'est, entre les bancs du terrain houiller, sert aussi à reconnaître l'identité des couches de Duttweiler et de Saint-Ingbert.

Il suit de là que les couches les plus inférieures de Saint-Ingbert, dites couches de l'enfer rouge (Rothhoellerfloetze), ne sont encore reconnues qu'en partie à Duttweiler et nullement à aucune autre mine.

Le groupe inférieur des couches contient à l'ouest 31 couches exploitables et 29 non exploitables. En allant vers l'est ces couches se partagent souvent en plusieurs sillons qui forment ensuite des couches séparées ; il en apparaît aussi d'entièrement nouvelles, de sorte que le nombre des couches exploitables augmente jusqu'à 40 et celui des non exploitables jusqu'à 77.

La couche Blucher de $3^{m},76$ d'épaisseur fournit une preuve frappante de ce fait. A l'ouest de la mine de Duttweiler, cette couche est formée d'un seul sillon de $3^{m},90$ d'épaisseur. En allant vers l'est elle se divise en deux bancs séparés par un faible nerf. Dans le voisinage du puits Venitz, le nerf commence à augmenter d'épaisseur et à croître tellement que 200 mètres plus à l'est, il a déjà une puissance normale de $16^{m},74$ et que les deux sillons forment ici deux couches distinctes. En avançant encore vers l'est ces deux couches se divisent de nouveau en plusieurs sillons. La couche principale conserve néanmoins une épaisseur de $2^{m},51$ à $2^{m},82$. Cet exemple montre qu'en allant de l'est à l'ouest les petits bancs intermédiaires des terrains entre les couches se terminent en pointes et disparaissent finalement, tandis que les grands bancs intermédiaires augmentent de puissance vers l'ouest. En dessous de la vallée de la Sultzbach, près de Duttweiler, les couches qui, jusqu'alors, plongeaient de 30 à 35 degrés vers le nord, sont relevés verticalement d'environ 21 mètres au-dessus du fond de bateau aplati qu'elles affectaient ; elles prennent la forme d'une selle dont l'aile nord a un pendage de 10 à 15 degrés pareil à celui des couches du groupe supérieur, pendant que la selle elle-même plonge vers le nord-est, comme on l'a reconnu à l'est de la mine de Frédérichsthal, dans les couches du toit du premier étage moyen. Le relèvement de ce fond de bateau et de cette selle, qui a lieu vers le sud-ouest, n'est pas encore exploré jusqu'aujourd'hui et une faille considérable à l'ouest de Duttweiler opposera de grandes difficultés à cette reconnaissance. Plusieurs failles, du reste, traversent et rejettent les couches de cette série inférieure. Sur la carte, on remarque le plus facilement le rejet apparent horizontal des couches à la grosse ligne noire qui indique la couche principale Blucher. Ces failles, à peu d'exceptions près, deviennent plus considérables en s'élevant vers les couches supérieures.

Les couches inférieures, situées dans le toit de la faille, montrent souvent un amincissement remarquable de leurs nerfs de séparation, à tel point que presque tout le groupe d'une série paraît avoir ici une moindre largeur que la partie supérieure de cette série située dans le mur de la faille, par exemple, près de Cerberus et près de celle si puissante constatée à l'ouest de Duttweiler. Les principales failles de ce groupe sont les suivantes indiquées avec le rejet vertical des couches :

1° La grande faille au couchant de Duttweiler, 105 à 115 mètres ;

2° La faille à l'ouest du puitz Venitz, à la frontière bavaroise, 63 mètres ;

3° La faille Cerberus, 251 mètres ; elle sépare les mines de Sultzbach-Altenwald et Heinitz ;

4° La faille Vampyre, à l'ouest de Heinitz, 84 à 104 mètres ;

5° La faille Minos, 125 à 145 mètres ;

6° La faille Secundus à l'ouest de Kœnig, formant la limite de cette mine et de celle Heinitz, 146 à 167 mètres.

7° La faille Styx à l'est de Kœnig, 63 mètres ;

8° La puissante faille entre Kœnig et Wellesweiler, environ 314 mètres.

Les 31 couches exploitables de l'ouest, ainsi que les 40 couches exploitables de l'est, qui forment le groupe de la série inférieure, sont formées de houille grasse.

Sur les deux tableaux suivants, elles sont inscrites par ordre en partant du mur et en allant vers le toit.

Les couches de moins de $0^m,45$ d'épaisseur sont considérées comme inexploitables. Dans ces tableaux, on a aussi indiqué l'épaisseur des terrains qui séparent les couches, ainsi que les endroits où se rencontrent les conglomérats, de manière à ce qu'ils puissent servir à la place de profils spéciaux.

Dans le premier tableau sont compris les couches dites Rothhœllerflœtze, reconnues dans la galerie d'exploitation de la mine royale bavaroise de Saint-Ingbert. Ces couches manquent dans le deuxième tableau, parce que vers l'est de ce groupe les reconnaissances vers le mur ne sont pas encore poussées assez loin pour les atteindre.

Couches du groupe de la série inférieure dans les champs de l'Ouest, comptées en partant du mur et en s'élevant vers le toit.

N°s.	DÉSIGNATION DES COUCHES.	Houille pure.	Nerfs terre.	Épaisseur des terrains entre la couche et celle qui est la plus voisine de son toit	NATURE DES TERRAINS.	OBSERVATIONS.
1	Couche n° 3	0m,60	—	94m,5	Grès et schistes avec un banc de mélaphyre de 12m,50.	Couches de la mine royale bavaroise de Saint-Ingbert, dites Rothhœller.
2	» n° 10	1,20	0,50	48,10	Conglomérats et grès.	
3	» n° 13	0,78	1,05	4,50	Schistes.	
4	» n° 15	0,71	0,29	2,10	Schistes.	
5	» n° 17	1,20	0,60	104,50	Grès et schistes.	
6	Couche	0,58	0,03	60,55	d°.	Couches de la mine de Duttweiler.
7	» Carlowitz (n° 21)	1,00	0,29	37,55	d°.	
8	» Humboldt (n° 20)	0,89	0,16	16,75	d°.	
9	Couche	0,55	0,44	44,00	d°.	
10	» Jagow (n° 19)	0,76	0,13	10,50	d°.	
11	» Horn (n° 18)	0,78	—	14,65	d°.	
12	Couche de 24 pouces	0,63	—	14,65	d°.	
13	Couche Natzmer	0,52	0,31	40,50	d°.	
14	Couche de 27 pouces	0,71	—	58,60	d°.	
15	Couche York (n° 17)	1,33	0,63	14,65	d°.	
16	» Dennewitz (n° 16)	1,25	—	12,55	d°.	
17	Kleist-Nollendorf (n° 15)	0,65	—	54,40	d°.	
18	» (n° 14)	0,78	0,60	10,45	d°.	
19	» Blücher (n° 13)	3,90	—	37,65	Conglomérats et grès sur 10m,50.	
20	Pfuel (n° 11), couche à sillon d'argile.	1,52	Terre, 0,05 / Argile compacte, 0,78	6,25	Schistes et grès.	
21	Müffling (n° 10)	2,30	0,91	43,95	Au milieu du grès un banc de conglomérats de 4 mètres.	
22	» Boyen (n° 8)	0,78	0,10	10,45	Schistes.	
23	Couche de 18 pouces d'épaisseur	0,47	—	5,20	d°.	
24	» de 24 » »	0,63	—	5,20	d°.	
25	» n° 7	1,18	0,13	4,20	d°.	
26	» Boyen (n° 6)	2,38	0,83	34,40	Dans le grès un banc de conglomérats de 4 mètres.	
27	» n° 5	0,65	—	20,90	d°.	
28	» (n° 4)	1,15	0,21	16,75	Conglomérats.	
29	» (n° 3)	1,41	0,13	10,45	Schistes.	
30	» (n° 2)	0,58	0,40	4,20	d°.	
31	» (n° 1)	0,76	0,16	—	d°.	
	Ensemble	32,63	8,40	807,05		

Le nombre des couches inexploitables est de 29, avec 8m,21 de houille.

Couches du groupe de la série inférieure, champs de l'Est, comptées en partant du mur et en s'élevant vers le toit.

N°s.	DÉSIGNATION DES COUCHES.	Houille pure.	Nerfs et terres intermédiaires.	Épaisseur des terrains entre chaque couche et celle qui est la plus voisine de son toit	NATURE DES TERRAINS.	OBSERVATIONS.
1	Couche de 36 pouces	0m,97	0m,68	20m,90	Schistes et un peu de grès	
2	Couche	0,50	0,16	64,85	Grès et conglomérats.	
3	Couche	0,68	0,51	4,20	Schistes.	
4	Couche de 33 pouces	0,86	0,34	2,10	dº.	
5	Couche	0,47	—	33,50	Faille vampyre.	
6	Couche	0,45	—	23,00	Grès et schistes.	
7	Couche	0,60	—	33,50	dº.	
8	Couche	0,89	0,47	58,60	dº.	
9	Couche	0,52	—	4,20	dº.	
10	Couche	6,68	0,36	25,10	Schistes et puis conglomérats.	
11	Couche Scharnhorst (Dennewitz à Duttweiler)	1,31	0,43	27,20	Schistes et grès.	
12	Couche	0,47	—	2,10	Schistes.	
13	— Thauenzien	1,12	0,18	6,30	Schistes et grès.	
14	—	0,55	—	2,10	Schistes.	
15	— Blücher	2,70	0,24	16,75	Schistes et grès.	
16	— Bauch	1,20	0,31	4,20	Schistes.	
17	— Aster	1,75	0,29	4,20	dº.	
18	— Bonin	0,65	—	2,10	dº.	
19	— à sillon d'argile	1,46	Nerf. 0,52 Argile. 0,42	18,85	Schistes, grès et conglomérats.	Couches des deux galeries à travers bancs Heinitz du toit et du mur, à la mine de Heinitz.
20	— Braun	1,05	0,08	6,25	Schistes et grès.	
21	— Thielemann, sillon latéral	0,45	—	6,25	dº.	
22	— Thielemann	0,97	—	6,25	dº.	
23	— Gneisenau	1,99	0,37	2,40	Schistes.	
24	— Grollmann	0,73	0,39	8,35	Schistes et grès.	
25	—	0,45	—	8,35	dº.	
26	— Nostitz	1,07	0,63	6,25	dº.	
27	—	0,68	0,37	2,40	Schistes.	
28	—	0,50	—	12,55	Conglomérats, grès, schistes.	
29	— Wrangel	1,23	0,29	6,25	Schistes.	
30	—	0,52	—	2,40	dº.	
31	— Waldemar	1,70	0,34	12,55	Conglomérats, grès, schistes.	
32	— Borstel	1,39	0,03	7,20	Schistes.	
33	— Auguste	1,41	0,05	2,10	dº.	
34	— Thiele	1,20	0,89	1,05	dº.	
35	— Stolberg	0,84	0,36	9,40	Grès et schistes.	
36		0,52	0,18	18,85	Schistes.	
37	—	0,50	0,05	2,10	dº.	
38		0,47	0,03	42,55	dº.	
39	—	0,52	0,05	50,20	Schistes, grès, conglomérats.	
40	—	0,57	0,31	—		
	Totaux	36,73	7,55	533,55		

Le nombre des couches inexploitables de ce groupe s'élève à 77, avec 18m,15 de houille.

Le premier tableau fait voir que la puissance totale du terrain houiller, y compris les couches de houille, est de 848 mètres. Cette épaisseur comparée à celle de la houille pure exploitable est dans le rapport de 26 : 1.

Le deuxième tableau montre que la puissance totale du terrain houiller est d'environ 578 mètres et que le rapport de cette épaisseur à celle de la houille pure exploitable est de 15,7 : 1.

Il suit de ces chiffres que la proportion de la richesse houillère renfermée dans le terrain de l'ouest, comparée à celle de l'est, est dans le rapport de 1 à 1,5.

La partie de terrain intermédiaire entre le groupe inférieur et le premier étage moyen du groupe supérieur, qui est celui de Jaegersfreude, c'est-à-dire la partie comprise entre la plus haute couche du groupe inférieur et la première couche exploitable rencontrée dans son toit, est reconnue presque à travers bancs par la galerie de Saarstollen, à l'ouest de Duttweiler, et, à l'est, elle l'est par la galerie à travers bancs se dirigeant vers l'amont des couches de la mine de Sultzbach-Altenwald et au même niveau que le Saarstollen. Son épaisseur au premier endroit est d'environ 334^{m},80 et au deuxième d'environ 167^{m},40 depuis la couche dite n° 1 jusqu'à la première de la série supérieure suivante. En avançant plus vers l'est, cette partie du terrain houiller se confond avec celle comprise entre le groupe de la série inférieure et celui de la serie supérieure dite de Ziehwald-Reden. Elle n'est pas encore complètement reconnue, mais sa puissance est d'environ 314^{m}. Du côté de l'ouest, cette partie intermédiaire ne renferme que 8 à 9 petites couches inexploitables de 8 à 21 centimètres d'épaisseur et un banc de conglomérats.

A Sultzbach-Altenwald, comme aussi lorsqu'on s'avance encore plus vers l'est, ces petites couches augmentent en nombre et en puissance, mais le banc de conglomérats s'y retrouve toujours.

Dans la partie inférieure de ce terrain intermédiaire et aux environs de Saarstollen, près de Duttweiller, on retrouve du terrain rouge qui est recouvert ici par une presqu'île de grès des Vosges ; il disparaît dans la direction de l'est.

Le groupe supérieur des couches.

1° LE PREMIER ÉTAGE MOYEN DU GROUPE SUPÉRIEUR.

Cet étage commence avec la première couche exploitable rencontrée dans le toit du groupe inférieur. Cette couche de $0^m,71$ de puissance dans le Saarstollen et de $0^m,97$ à Sultzbach-Altenwald est indiquée dans le tableau suivant ainsi que les autres couches exploitables qui lui succèdent en s'élevant sur le toit.

N°s.	DÉSIGNATION DES COUCHES.	Houille pure.	Nerfs et terres intermédiaires.	Épaisseur des terrains entre les deux couches les plus voisines.	NATURE DES TERRES INTERMÉDIAIRES.	OBSERVATIONS.
1	Couche dans le Saarstollen (couche supérieure n° 1, Altenwald)	0m,71	0m,10	157m,40	Schistes avec grès et un banc de conglomérats.	Du Saarstollen.
2	Couche supérieure n° 2, Altenwald	0,86	—	105,60	d° et deux bancs de conglomérats	
3	Couche	1,07	0,08	167,40	d° et un banc de conglomérats.	
4	» n° 6	0,81	0,03	10,45	d°	
5	»	0,52	0,15	10,45	d°	
6	» n° 5	1,31	0,71	6,30	Grès avec du schiste.	Couches de la mine de Jaegers freude.
7	»	0,83	0,50	18,85	Grès.	
8	»	0,63	—	12,55	Grès et schiste.	
9	»	0,60	0,02	12,55	d°	
10	»	0,63	0,08	16,75	d° et 0m,22 d'épais. de banc argileux.	
11	»	0,63	0,31	35,55	d° et 0m,23 d'épais. de banc argileux.	
12	»	0,97	0,08	37,65	Grès et schiste.	
13	»	0,71	—	18,80	d°	
14	» n° 4	1,00	0,16	12,55	Grès.	
15	»	0,65	—	2,40	Schistes.	
16	» n° 3	0,68	—	6,30	d°	
17	»	1,18	0,65	31,40	Grès et cailloux.	
18	» Charlotte	1,15	0,21	8,35	Schistes.	
19	» Hardenberg	1,88	0,47	0,65	d°	
20	» » sillon adjacent	0,89	0,16	—	d°	
		17,71	3,72	681,65		

Outre les couches mentionnées dans le tableau précédent, il en existe encore une vingtaine inexploitables formant ensemble une épaisseur totale de $6^m,80$ en houille pure.

La qualité de la houille de cet étage ainsi que celle de l'étage suivant la fait ranger dans les houilles maigres,

La puissance totale de l'étage est de 703 mètres. Le rapport de cette puissance à celle de la houille exploitable est comme 39,7 : 1.

Les couches indiquées plus haut apparaissent d'abord sous le grès des Vosges, au versant sud de la vallée de la Sultzbach, près de Jaegersfreude. Cette mine les a recoupées entre les vallées de la Sultzbach et celle de Fischbach, où elles forment une selle aplatie ; de là elles s'écartent de plus en plus et sont ensuite rejetées par la faille Hercule de 125 à 146 mètres et peu après par une faille presque parallèle à la direction qui les rejette encore une fois de 63 mètres dans le toit ; elles se prolongent ensuite au Nord, où elles sont caractérisées par la couche Amelung, jusqu'à la selle de la mine Von der Heydt et prennent ensuite une direction vers l'est qui n'est encore connue que par quelques anciennes recherches et vers les couches de la mine Frédérichsthal, avec lesquelles elles se rattachent sans doute.

L'inclinaison des couches est de 15 à 20 degrés au nord. A Jaegersfreude, la plus importante est la couche Hardenberg.

Il est vraisemblable que cette couche est la continuation occidentale de la couche Motz de Frédérichsthal. Des reconnaissances postérieures pourront donner seules une entière certitude à ce sujet. La couche Motz, ainsi que celles qui lui sont inférieures, apparaissent dans le voisinage de la faille Cerberus, à la selle de Duttweiler, décrite dans le groupe inférieur et encore dans le fond de bateau vers le Sud. Cette selle est interrompue ici par la faille sus-mentionnée et les mêmes couches n'ont pas encore été poursuivies au-delà de cette faille. Il est vrai que la puissante couche Kallenberg, à la mine de Reden, est aussi considérée comme la continution de la couche Motz de Frédérichsthal. Mais rien ne prouve la vérité de cette assertion, et il est possible que la continuation de la couche Motz se trouve encore en dessous de la couche Kallenberg et qu'elle se rattache, à l'est de la grande faille de Reden, à la puissante couche recoupée récemment à cette mine (et désignée peut être à tort comme la couche Kallenberg), ensuite à une grande couche recoupée par une tranchée de chemin de fer menant à Heinitz et enfin aux couches inférieures de la galerie Ziehwaldstollen.

A l'ouest du terrain houiller, l'étage dont il est question se montre isolément près de Stangenmühl et de Clarenthal, sous la forme du dôme d'une selle, partant de la mine Von der Heydt, passant par ces endroits et plongeant vers la France ; il est exploité par des galeries près de Stangenmühl et par le puits Albert à Louisenthal.

Le sommet du dôme est enlevé par l'érosion des eaux jusqu'au niveau de la vallée de la Sarre, de sorte que l'étage forme ici une selle en l'air dite selle de Clarenthal.

Les couches inférieures reconnues à Gehlenbach montrent une selle allongée et formée de tous côtés en forme de dôme.

Les couches du prolongement de la selle de Von der Heydt, situées en France, près de Gros-Roselle, et formant ici un deuxième dôme plus petit, appartiennent probablement aussi au premier étage moyen et ils sont circonscrits là par les couches du deuxième étage moyen.

2° LE DEUXIÈME ÉTAGE MOYEN DU GROUPE SUPÉRIEUR.

Ce deuxième étage moyen est séparé du premier par un intervalle de terrain stérile variant de 167 à 293 mètres. Les couches des mines de Russhütte, Malstatt, Von der Heydt, Prince-Guillaume, Gerhard, Quierscheid, ainsi que les couches supérieures de Frédérichsthal et de Reden lui appartiennent. Le Saarstollen en traverse tous les bancs vers l'amont pendage de Jaegersfreude ; il en est de même du Burbachstollen de la mine Von der Heydt. L'étage montre ici, vers le milieu de la direction des couches, 10 à 12 veines inexploitables de 0m,08 à 0m,26 d'épaisseur.

Dans l'amont pendage de Jaegersfreude, on trouve dans ce terrain des conglomérats et puis du terrain rouge avec du minerai rouge et une petite veine de calcaire. Toutes ces roches disparaissent cependant vers le nord.

Vers l'est, l'intervalle du terrain stérile diminue d'épaisseur et se perd ensuite presqu'en totalité dans les couches des mines de Frédérichsthal et de Reden. Ce deuxième étage commence par la couche Constance et finit par celle de 1m,05 d'épaisseur dans l'amont de la mine Gerhard, près du village de Ritterstrasse.

Il renferme sur une puissance de terrain totale de 276 mètres 11 couches exploitables et 15 veines inexploitables. La principale de ces couches est celle *Beust* exploitée à Gerhard et à Von der Heydt. A l'ouest de cette dernière mine, cette couche forme une selle aplatie qui, en s'élevant vers l'est, se perd insensiblement, mais qui, en plongeant vers l'ouest jusqu'à la faille Prométhée, est relevée alors d'environ 42 mètres par cette faille. A la mine de Gerhard, cette selle passe en l'air, au-dessus de la selle de Clarenthal, vers la France, où elle plonge ensuite de nouveau vers l'ouest sous le grés des Vosges.

A la mine de Von der Heydt, l'aile nord formée par la selle de la couche Beust se comporte régulièrement, tandis que l'aile méridionale forme un fond de bateau aplati dans la vallée de la Burbach, lequel ne tarde pas à se relier au prolongement de la selle de Jaegersfreude, à la mine de Rushütte qu'on n'exploite plus aujourd'hui.

Les couches de cet étage se montrent, comme les couches supérieures de Jaegersfreude, dans le Saarstollen d'abord là où le terrain houiller est recouvert par le grés des Vosges; elles se dirigent ensuite au Nord jusqu'à la mine Rushütte. A cette mine comme à celles de Rastphul et de Malstatt on les connaît dans tout leur développement : elles y forment le prolongement de la selle de Jaegersfreude. Ce groupe se relie ensuite à l'aile sud de la selle de Von der Heydt dans sa partie inférieure dont la couche Beust est traversée par les failles Prométhée et Hercule ; mais sa partie supérieure, au contraire, s'y relie au moyen du fond de bateau de la vallée de la Burbach, fond qui n'est pas dérangé par la faille Prométhée. Il se prolonge ensuite, comme aile sud de cette selle et déjà reconnue en partie, vers le midi, le long de la rive droite de la vallée de la Burbach jusqu'à la Sarre et se rattache probablement aux couches de la mine Prince-Guillaume, dont il n'est séparé que par une faille qui les rejette au toit ; il passe ensuite en France par Schœneck et Petite-Rosselle et retourne se relier à l'aile nord de la selle de Gerhard et de Von der Heydt en passant par Gros-Rosselle, Furstenhausen et Vœlklingen. Dans les derniers temps, on a cru pouvoir prouver le prolongement de la couche Beust à quelques recherches faites aux affleurements près de Furstenhausen.

Le prolongement oriental de l'aile nord des couches de Von der Heydt n'est reconnu que partiellement et par d'anciennes recherches.

Il est probable que plus à l'est, la couche de $2^m,43$ de Quierscheid correspond à la couche Beust. A partir de ce point, il devient très difficile de constater le vrai prolongement de cette couche ; car, en supposant que la couche de $1^m,28$ de Frédérichsthal et la couche Kallenberg à Reden en soient la continuation, on ne pourrait s'expliquer l'énorme différence dans l'épaisseur et dans la nature de la houille de ces deux dernières couches avec celle de Beust. En tout cas, il est nécessaire d'attendre les éclaircissements ultérieurs avant de pouvoir résoudre définitivement cette question, quoiqu'il existe des cas où certaines couches isolées perdent une grande partie de leur épaisseur, tels que la couche Henri, située plus dans l'amont pendage de l'étage et qui a $1^m.88$ à la mine de Gerhard, tandis qu'à l'est de la faille Prométhée et à la mine de Von der Heydt, elle n'a plus que $0^m.91$.

La houille de ce groupe est essentiellement de la houille maigre à longue flamme. Ce n'est que dans le cas où il deviendrait évident que les couches de la mine de Malstatt, qu'on n'exploite plus aujourd'hui, fussent la continuation de la couche Henri, dans le fond de bateau que l'aile sud forme dans la vallée de la Burbach, qu'elles feraient exception à la règle générale, puisque ces dernières donnent de la houille grasse.

Le tableau suivant indique les couches exploitables dans l'ordre de leur superposition :

Nos	DÉSIGNATION des couches.	Houille pure.	Nerfs et terrains intermédiaires.	Epaisseur des terrains entre 2 couches voisines.	NATURE des terrains intermédiaires.	OBSERVATIONS.
1	Couche Constance.....	0m,86	0m,05	52m,30	Grès, schistes et un banc de conglomérats.	Couches de la mine de Von der Heydt.
2	do Beust........	2,90	0,84	29,30	Grès et schistes.	
3	do	0,52	—	27,20	do	
4	do	0,63	0,21	6,30	do	
5	do	0,52	—	12,55	do	
6	do Marie	1,28	0,31	6,30	do avec des bancs de conglomérats.	Couches de la mine de Gerhard.
7	do Traugott....	1,41	0,89	25,10	Schistes et conglomérats	
8	do Charles......	0,94	—	6,30	Grès et schistes.	
9	do Henri	1,88	0,08	12,55	do	
10	do de 22 pouces..	0,58	—	83,70	do	
11	do de 40 pouces..	1,05	—			
	Totaux	12,57 houille.	2,38 terres.	261,60 terrains.		

Il y a, en outre, 15 couches inexploitables renfermant environ 5m,23 de houille pure.

En y comprenant la houille et les nerfs intermédiaires, l'épaisseur totale des terrains est de 276m,55. L'épaisseur de la houille pure est de 12m,57. Ces deux chiffres sont dans le rapport de 22 : 1.

3° L'ÉTAGE SUPÉRIEUR DU GROUPE SUPÉRIEUR.

La partie du terrain houiller comprise entre le deuxième étage moyen et l'étage supérieur a une forme et une allure très irrégulières. Dans l'amont des mines Gerhard et Von der Heydt, où le mur du terrain a la forme d'un fond de bateau, tandis que le toit est relevé en forme de selle, son épaisseur est d'environ 418 mètres. A Guichenbach, et plus à l'est, elle est réduite à quelques mètres, tandis qu'à Vœlkling et à Geislautern, elle s'élève de nouveau jusqu'à 167 mètres.

Cette irrégularité singulière provient sans doute de dérangements qui ne sont pas encore bien connus, mais qui sont signalés par la transposition qu'éprouve la couche de calcaire qui se trouve dans le mur de l'étage supérieur.

On n'a pas encore trouvé de couches de houille dans cette partie de terrain.

La première, c'est-à-dire la plus inférieure de l'étage, est à Geislautern, la couche n° 6 formant la couche la plus voisine du mur de cette mine.

Cette couche semble être la même que celle reconnue dans les recherches près de Vœlkling; en cet endroit, elle est la quatrième avec $0^m,52$ d'épaisseur, et encore la même que la couche la plus inférieure de celles de Guichenbach. En partant de cette couche, l'étage supérieur s'étend par Geislautern et Hostenbach jusqu'à Kronprinz, près de Schwalbach et renferme 12 couches exploitables.

Les couches non exploitables sont connues par les données de recherches entre Vœlkling et Bous, ainsi que par quelques rares affleurements reconnus jusqu'ici. Il y en a douze en tout. Si l'on compte le nombre des couches exploitables dans le travers bancs de Guichenbach, on n'en trouve que 6, ce qui prouve qu'en cet endroit il peut encore exister des couches dans le toit et que la plus supérieure des couches de Guichenbach, qui a $2^m,38$, n'est peut être pas la même que la puissante couche de la mine Kronprinz Frédéric-Guillaume, près de Schwalbach.

En général, il est très difficile d'établir la relatiou exacte des couches de ce groupe, parce qu'elles changent souvent d'épaisseur, ce qui les rend méconnaissables, et qu'elles sont tourmentées par des dérangements encore peu étudiés L'étage part de Geislautern, où il disparaît sous le grès des Vosges par suite d'une immense faille qui le rejette dans le toit et qui probablement a fait avancer considérablement celui du deuxième étage moyen. Il passe par Hostenbach et Kronprinz à Schwalbach, formant entre ces deux mines une selle aplatie qui a son point de départ au dôme de la selle de Clarenthal; il s'étend ensuite par Rittenhofen, Guichenbach, Kronprinz à Dilsburg jusqu'à Wahlschied. Partant de ce point et allant plus à l'est, l'étage, par suite d'un fort pli vers le mur, semble se rattacher aux couches supérieures de Merchweiler et de Reden, comme le montrent celles de la mine de Quierscheid.

Les données les plus récentes permettent de conclure d'une manière certaine à la corrélation des couches de Geislautern avec celles de Hostenbach, malgré les grandes distances qui les séparent et qui proviennent de failles les rejetant parfois jusqu'à 167 mètres de hauteur verticale. On admet aujourd'hui que la couche Alvensleben de Geislautern correspond à celle de Pulverrauch, la première sous la couche Charles et la plus inférieure des couches de Hostenbach. Il suit de là que les couches inférieures de Geislautern ne sont pas encore recoupées à Hostenbach, tandis que le même cas se présente pour les couches supérieures de Hostenbach, qui ne sont pas encore recoupées à Geislautern. On peut rattacher avec certitude les couches de Hostenbach à celles connues par les recherches entre Vœlkling et Bous; mais à partir de ce point on ne connaît pas encore leurs relations avec les couches de Rittenhofen et de Guichenbach, situées plus à l'est.

Les deux puissantes couches de Schwalbach (Kronprinz) et de Knausholz sont dans l'amont pendage de celles de Hostenbach. Dans les champs d'exploitation de l'ouest de la première, on trouve une faille de près de 84 mètres de hauteur de rejet. Vers l'est, il en existe une autre dont on ne connaît pas encore la hauteur de rejet. La grande ressemblance qui existe entre ces deux couches susmentionnées a donné lieu à supposer que c'étaient les deux parties d'une seule et même couche séparées seulement par la faille en question. S'il en était ainsi, la hauteur verticale du rejet serait de 250 mètres environ.

Une particularité qu'on a remarqué dans ces couches, c'est la présence de bancs pierreux se présentant dans les sillons supérieurs et persistant sur de grandes longueurs. Ces bancs se retrouvent aussi dans les couches situées plus à l'est : à Rittenhofen, à Dilsbourg et à Lummerschied, c'est ce qui a fait constater leur identité.

Entre la partie est de la mine Kronprinz Frédéric-Guillaume près de Schwalbach et la mine de Rittenhofen, les couches sont recouvertes par les grés des Vosges. On y trouve aussi le terrain rouge dans lequel les couches sont presque écrasées. La couche de Schwalbach présente, vers le milieu de sa partie reconnue par la mine Kronprinz, une place dont la forme est celle d'un ventre très proéminant.

En cet endroit, sur une longueur et une profondeur d'environ 420 mètres, le sillon supérieur de la couche se sépare et forme une couche distincte qui s'éloigne de près de 5 mètres pour revenir ensuite se souder de nouveau aux autres sillons de la couche principale.

Le tableau suivant donne un aperçu de la superposition des couches de ce groupe en partant du mur et en s'élevant vers le toit :

Nos	DÉSIGNATION des couches.	Houille pure.	Nerfs et terres.	Épaisseur des terrains intermédiaires.	NATURE des terrains intermédiaires	OBSERVATIONS.
1	Couche nº 6 (Schuckmann).	1m,20	0m,47	12m,55	Schistes et grés.	Les couches inférieures de la mine de Geislautern.
2	dº nº 5	0,68	0,05	8,35	dº	
3	dº nº 4 (Bülow) ...	1,52	0,63	20,90	dº	
4	dº nº 3	0,94	0,26	94,15	Inconnu.	
5	dº nº 2	1,18	1,02	2,10	Schistes.	Les couches supérieures de Geislautern.
6	dº nº 1 (Alvensleben ou Pulverrauch (fumée de poudre).	1,25	0,21	41,85	Schistes et conglomerats par parties.	
7	Couche Emile (Charles à Hostenbach).	0,52	—	8,35	Grés et schistes.	
8	dº Otto (Henri à Hostenbach).	0,55	0,16	37,65	Grés, schistes et conglomérats.	Couches de la mine de Hostenbach.
9	dº nº 2	0,78	0,24	83,70	Schistes et grés.	
10	dº nº 1	1,18	0,78	210,00	Grés et schistes.	
11	dº de Knausholtz...	2,46	0,39	314,00	dº	Couches de la mine de Kronprinz à Schwalbach.
12	dº de Schwalbach (mine de Kronprinz).	2,46	0,39	—	dº	
	Totaux	14,72 houille.	4,60 terres.	832,60 terrains.		

Le nombre des couches inexploitables s'élève à environ 12 avec 3m,92 de houille ensemble.

La puissance totale des terrains de cet étage est de 851m,92 et le rapport de cette puissance à celle de la houille exploitable est de 57,8 : 1.

On vient de voir qu'à l'ouest du terrain houiller productif les trois étages du groupe supérieur qui viennent d'être décrits sont séparés entre eux. A l'est du bassin, au contraire, ils sont réunis en un seul qui est exploité par les mines de Quierschied, Frédérichsthal, Merchweiler, Reden, Kohlwald (en non activité) et la galerie Ziehwaldstollen.

Le tableau suivant donne ces couches en partant du mur et en allant vers le toit :

Nos	DÉSIGNATION des couches.	Houille pure.	Nerfs et terres.	Epaisseur des terrains jusqu'à la couche supérieure.	NATURE des terrains intermédiaires.	OBSERVATIONS.
1	Couche } de la gare de	0^{m},52	—	12^{m},55	Grés et schistes.	Couches du Ziehwaldstollen et de ses environs.
2	d° } Neunkirchen..	0,78	—	37,65	d°	
3	d° de la chaudronnerie de Neunkirchen.	1,88	—	41,85	d°	
4	d° n° 1	0,68	0,16	18,85	d°	
5	d° n° 2	1,38	0,29	23,00	d°	
6	d° n° 3	1,25	—	20,90	grés, conglomérats et schistes.	
7	d° n° 4	0,60	0,31	14,65	Grés et schistes.	
8	d° n° 5	0,58	0,32	13,95	d° et conglomér.	
9	d° n° 6	1,36	0,44	10,45	Schistes et grés.	
10	d° n° 7	0,76	0,13	20,90	d°	
11	d° n° 8	1,07	0,16	16,75	d°	Couches de la mine de Reden.
12	d° n° 9	0,92	0,31	20,90	d°	
13	d°	0,52	0,10	62,80	Grés et conglomérats.	
14	d° Kallenberg	2,51	0,24	41,85	Schistes et grés.	
15	d°	1,10	0,31	4,20	d°	
16	d°	1,62	0,78	31,40	Forte faille dans les conglomérats.	
17	d°	1,26	0,81	4,20	Schistes.	
18	d° de 37 pouces ..	0,97	0,03	20,90	d°	
19	d°	0,50	0,10	29,30	Grés, schistes et conglomérats.	
20	d° de 35 pouces ..	0,92	0,55	27,20	d°	
21	d°	0,50	0,05	14,65	Grés et schistes.	
22	d° do 36 pouces ..	0,94	0,37	14,65	d°	
23	d°	0,52	0,05	2,10	Schistes.	
24	d°	0,65	0,13	4,20	d°	
25	d°	0,52	0,55	12,55	Schistes et gres.	
26	d° Léopold.......	0,94	0,05	2,10	Schistes.	
27	d°	0,52	—	1,05	d°	
28	d°	3,74	0,97	2,10	Inexploitable à Reden.	
29	d° Jacob.........	1,31	0,52	2,10	Schistes.	
30	d° Sophie........	2,34	0,32	31,40	Grés et schistes.	
31	d° Alexandre.....	1,73	0,08	2,10	Schistes.	
32	d°	0,44	—	14,65	d°	
33	d°	0,50	—	8,35	d°	
34	d° Grubenwald ...	1,83	0,26	4,20	d°	
35	d° Alexandre principale.	2,64	0,32	2,10	d°	
36	d° d° adjac. n° 1.	0,92	—	2,10	d°	
37	d° d° d° n° 2.	1,44	0,23	2,10	d°	
38	d° d° d° n° 3.	1,31	0,42	41,85	Puissants bancs de conglomérats traversant tout le terrain intemédiaire.	
39	d° Heiligenwald...	2,82	0,65	2,10	Schistes.	
40	d° d° adjacente..	1,44	0,32	16,75	Schistes et grés.	
41	d° de 54 pouces...	1,41	0,70	41,85	d°	
42	d°	2,09	—	16,75	d°	
43	d°	0,52	—	14,65	d°	
44	d°	0,65	—	66,95	d°	
45	d°	0,65	—	—	—	
	Totaux......	53,75	11,03	827,65		

Outre ces 45 couches exploitables, le groupe renferme encore 13 couches inexploitables formant ensemble 9^{m},11 de houille.

L'épaisseur totale des terrains du groupe vers l'est est de 892m43. Celle de la houille pure exploitable est de 53m,75. Le rapport de ces deux nombres est comme 16,5 : 1.

Comparons maintenant la richesse de ce groupe vers l'est à celle du même groupe vers l'ouest où il présente les trois étages bien tranchés.

La puissance totale du premier étage moyen est de	703m,00
Celle du deuxième moyen.	276 ,55
Celle de l'étage supérieur	851 ,92
Total.	1831 ,47

Le premier etage moyen contient en houille pure exploitable.	17m,71
Le deuxième étage moyen contient en houille pure exploitable.	12 ,57
L'étage supérieur contient en houille pure exploitable	14 ,72
Total.	45 ,00

Le rapport de la puissance totale des terrains intermédiaires à celle de la houille pure exploitable est par suite comme 40,7 est à 1.

Il résulte de cet exposé que, pour le groupe supérieur comme pour le groupe inférieur, la distribution de la richesse houillère dans la masse des terrains est plus grande à l'est qu'à l'ouest et qu'elle est presque dans le même rapport que celui de la puissance des terrains, c'est-à-dire comme 2,4 est à 1.

Pour tout le bassin houiller, on trouve par suite l'aperçu donné par le tableau suivant :

	I. — Dans les champs de l'Ouest.							II. — Dans les champs de l'Est.							
	PUISSANCE ou épaisseur des terrains y compris les couches de houille.	COUCHES exploitables.		COUCHES inexploitables.		COUCHES en général.		PUISSANCE ou épaisseur des terrains y compris les couches de houille.	COUCHES exploitables.		COUCHES inexploitables.		COUCHES en général.		
		Nombre.	Houille pure.	Nombre.	Houille pure.	Nombre.	Houille pure.		Nombre.	Houille pure.	Nombre.	Houille pure.	Nombre.	Houille pure.	
1° Groupe inférieur......	848m,00	31	32m,63	29	8m,21	60	40m,84	578m,00	40	36m,73	77	18m,15	117	54m,88	Houille grasse.
2° Terrains de séparation.	334,80							314,00							
Groupe supérieur. 3° Premier étage moyen..	703,00	29	17,71	20	6,80	40	24,51								Houille maigre.
4° Terrains de séparation.	293,00														
5° Deuxième étage moyen.	276,55	11	12,57	15	5,23	26	17,80	892,43	45	53,75	43	9,41	88	63,16	
6° Terrains de séparation.	167,00														
7° Etage supérieur......	851,92	12	14,72	12	3,92	24	18,64								
Totaux..	3474,27	74	77,63	76	24,16	150	101,79	1784,43	85	90,48	120	27,56	205	118,04	

De ce tableau général il ressort que :

1° A l'ouest, l'épaisseur du terrain houiller est double de celui de l'est;

2° A l'est, le groupe inférieur a un nombre de couches double de celui de l'ouest, quoique les couches dites Rothhœller, appartenant à l'ouest, n'aient pas été comptées dans le nombre de celles de l'est.

3° Le nombre de couches des trois étages du groupe supérieur vers l'ouest est de 90. Vers l'est il n'est que de 88. Il en résulte que le nombre des couches n'augmente pas en allant à l'est, comme c'est le cas pour le groupe inférieur.

Il reste encore à déterminer cependant si les couches supérieures de Reden correspondent réellement aux dernières couches de l'étage supérieur de l'ouest, ou si ces couches ne se présentent pas à l'amont pendage de Reden dans un état d'écrasement, ce qui pourrait faire supposer une augmentation des couches supérieures vers l'est analogue à celles des couches inférieures ;

4° La richesse houillère de tout le terrain carbonifère à l'ouest, en ne comptant que la houille pure des couches exploitables et en négligeant celles des couches inexploitables, comparée à celle des terrains de l'est, est dans le rapport de 1 à 1,16 ;

5° La richesse du couchant en houille grasse est à celle du levant comme 1 est à 1,3, en ne tenant pas compte des couches dites Rothhœller.

La richesse en houille maigre est dans le rapport de 1 à 1,19, en ne considérant aussi que la houille pure des couches exploitables.

D'après les calculs, la quantité de houille qui existe encore jusqu'à une profondeur verticale de 1,046 mètres, sous le niveau du Saarstollen, pourrait suffire pendant près de 3,000 ans en comptant sur une extraction annuelle de 2,500,000 tonnes, soit 8,333 tonnes par jour.

SAINT-ÉTIENNE, IMPRIMERIE DE Ve THEOLIER AINÉ ET Cie.

www.ingramcontent.com/pod-product-compliance
Ingram Content Group UK Ltd.
Pitfield, Milton Keynes, MK11 3LW, UK
UKHW021818190726
13853UKWH00003B/1051